高效毁伤系统丛书·智能弹药理论与应用

智能弹药动力装置试验系统设计与测试技术

Experiment Design and Measurement Technology for Intelligent Ammunition Engine

蔡文祥 夏静 薛海峰 编著

内容简介

本书以具体实践案例为应用对象，介绍智能弹药动力装置测试测量及试验技术。以团队多年来的科研经验为基础，结合国内外科研人员的实践成果，针对智能弹药动力装置试验系统的设计方法及测试技术，介绍试验结果的分析手段，对典型试验结果加以分析，加深相关专业学生及研究人员对测试测量原理及分析方法的理解。此外，本书还尽可能体现智能弹药动力装置研究领域，特别是吸气式发动机领域的最新研究成果与热点问题的分析。

本书主要作为智能弹药动力装置性能试验研究、新型动力系统设计人员的参考资料，也可为武器系统工程、航空宇航推进理论与工程相关专业研究生、本科生的实践提供理论指导。

版权专有　侵权必究

图书在版编目（CIP）数据

智能弹药动力装置试验系统设计与测试技术 / 蔡文祥，夏静，薛海峰编著. --北京：北京理工大学出版社，2021.6

（高效毁伤系统丛书. 智能弹药理论与应用）

ISBN 978-7-5682-9948-0

Ⅰ. ①智… Ⅱ. ①蔡… ②夏… ③薛… Ⅲ. ①智能技术–应用–弹药–动力装置–系统设计②智能技术–应用–弹药–测试技术 Ⅳ. ①TJ410.2

中国版本图书馆 CIP 数据核字（2021）第 116001 号

出版发行 / 北京理工大学出版社有限责任公司

社　　址 / 北京市海淀区中关村南大街 5 号

邮　　编 / 100081

电　　话 /（010）68914775（总编室）

　　　　　（010）82562903（教材售后服务热线）

　　　　　（010）68944723（其他图书服务热线）

网　　址 / http://www.bitpress.com.cn

经　　销 / 全国各地新华书店

印　　刷 / 北京捷迅佳彩印刷有限公司

开　　本 / 710 毫米×1000 毫米　1/16

印　　张 / 13.75　　　　　　　　　　　　　　责任编辑 / 陈莉华

字　　数 / 255 千字　　　　　　　　　　　　　文案编辑 / 陈莉华

版　　次 / 2021 年 6 月第 1 版　2021 年 6 月第 1 次印刷　责任校对 / 周瑞红

定　　价 / 82.00 元　　　　　　　　　　　　　责任印制 / 李志强

图书出现印装质量问题，请拨打售后服务热线，本社负责调换

《高效毁伤系统丛书·智能弹药理论与应用》
编写委员会

名誉主编： 杨绍卿　朵英贤

主　　编： 张　合　何　勇　徐豫新　高　敏

编　　委：（按姓氏笔画排序）

丁立波　马　虎　王传婷　王晓鸣　方　中
方　丹　任　杰　许进升　李长生　李文彬
李伟兵　李超旺　李豪杰　何　源　陈　雄
欧　渊　周晓东　郑　宇　赵晓旭　赵鹏铎
查冰婷　姚文进　夏　静　钱建平　郭　磊
焦俊杰　蔡文祥　潘绪超　薛海峰

丛书序

智能弹药被称为"有大脑的武器",其以弹体为运载平台,采用精确制导系统精准毁伤目标,在武器装备进入信息发展时代的过程中发挥着最隐秘、最重要的作用,具有模块结构、远程作战、智能控制、精确打击、高效毁伤等突出特点,是武器装备现代化的直接体现。

智能弹药中的探测与目标方位识别、武器系统信息交联、多功能含能材料等内容作为武器终端毁伤的共性核心技术,起着引领尖端武器研发、推动装备升级换代的关键作用。近年来,我国逐步加快传统弹药向智能化、信息化、精确制导、高能毁伤等低成本智能化弹药领域的转型升级,从事武器装备和弹药战斗部研发的高等院校、科研院所迫切需要一系列兼具科学性、先进性,全面阐述智能弹药领域核心技术和最新前沿动态的学术著作。基于智能弹药技术前沿理论总结和发展、国防科研队伍与高层次高素质人才培养、高质量图书引领出版等方面的需求,《高效毁伤系统丛书·智能弹药理论与应用》应运而生。

北京理工大学出版社联合北京理工大学、南京理工大学和陆军工程大学等单位一线的科研和工程领域专家及其团队,依托爆炸科学与技术国家重点实验室、智能弹药国防重点学科实验室、机电动态控制国家级重点实验室、近程高速目标探测技术国防重点实验室以及高维信息智能感知与系统教育部重点实验室等多家单位,策划出版了本套反映我国智能弹药技术综合发展水平的高端学术著作。本套丛书以智能弹药的探测、毁伤、效能评估为主线,涵盖智能弹药目标近程智能探测技术、智能毁伤战斗部技术和智能弹药试验与效能评估等内容,凝聚了我国在这一前沿国防科技领域取得的原创性、引领性和颠覆性研究成果，这些成果拥有高度自主知识产权，具有国际领先水平，充分践行了国家创新驱动发展战略。

经出版社与我国智能弹药研究领域领军科学家、教授学者们的多次研讨，《高效毁伤系统丛书·智能弹药理论与应用》最终确定为12册，具体分册名称如下：《智能弹药系统工程与相关技术》《灵巧引信设计基础理论与应用》《引信与武器系统信息交联理论与技术》《现代引信系统分析理论与方法》《现代引信地磁探测理论与应用》《新型破甲战斗部技术》《含能破片战斗部理论与应用》《智能弹药动力装置设计》《智能弹药动力装置试验系统设计与测试技术》《常规弹药智能化改造》《破片毁伤效应与毁伤效能精确评估技术》。

《高效毁伤系统丛书·智能弹药理论与应用》的内容依托多个国家重大专项，汇聚我国在弹药工程领域取得的卓越成果，入选"国家出版基金"项目、"'十三五'国家重点出版物出版规划"项目和工业和信息化部"国之重器出版工程"项目。这套丛书承载着众多兵器科学技术工作者孜孜探索的累累硕果，相信本套丛书的出版，必定可以帮助读者更加系统、全面地了解我国智能弹药的发展现状和研究前沿，为推动我国国防和军队现代化、武器装备现代化做出贡献。

《高效毁伤系统丛书·智能弹药理论与应用》

编写委员会

前　言

目前，固体火箭发动机、固体冲压发动机、微小型涡轮喷气发动机等作为智能弹药武器系统的典型动力装置，其性能的好坏、结构的可靠性对于智能弹药总体至关重要。在智能弹药中，动力系统在特殊环境中的工作特性是动力系统研究的关键问题，已成为智能弹药动力系统扩展研究领域的热点。

智能弹药动力装置性能测试与分析涉及理论力学、材料力学、热力学、传热学、燃烧学、光学以及仪器等专业知识，覆盖范围广、专业性强。测试对象中存在高温高压且快速能量释放过程，测试过程存在极大的危险。对测试对象的存储、领用、使用以及残余物处理有着专业的要求，对参试人员的素养也提出了很高的要求。此外，为了满足智能弹药动力装置领域内的基础研究和应用研究的需求，往往在测试发动机推力、压力等常规性能之外，还需要分析关键结构热负荷、发动机内部流场特性以及燃烧产物的组成等，研究其工作机理，有的时候需要借鉴理论或数值方法开展研究。目前国内外有关智能弹药动力装置性能测试与分析技术的书籍较少。

理论指导实践，实践验证理论，是实践教学与理论教学最为基础的关系之一。为了能够使从事智能弹药动力装置设计及研究的人员掌握发动机工作基本原理及测试测量方法，能够高效持续地运用相关技术，深入研究智能弹药动力装置的工作过程，认识动力装置工作过程中的本质变化。本书以实践中的具体案例为应用对象，其特点在于介绍智能弹药动力装置中各变量的测试测量原理及方法，以研究团队多年来的科研经验为基础，结合国内相关科研人员的科研成果，对具体应用加以说明并分析其测试测量结果，便于相关专业学生及研究人员对测试测量原理及分析方法的理解与运用。

此外，本书还尽可能体现智能弹药动力装置研究领域，特别是吸气式发动机领域的最新研究成果与热点问题的分析。

全书共分为 5 章。其中，第 1 章简要概述智能弹药的发展及应用过程中试验的作用、地位，试验系统的特点，试验系统的组成以及试验系统设计的一般流程与原则。简要阐述了智能弹药动力装置试验的分类，介绍试验系统设计的一般标准。最后简要地介绍了智能弹药试验流程规范。在第 2 章中对智能弹药动力装置结构参数的测试技术加以介绍，重点介绍了常规固体火箭发动机结构参数测量的具体方法。第 3 章重点介绍智能弹药动力装置推力、压力等发动机总体性能参量的测试测量方法，并针对高速旋转条件下发动机推压力性能以及发动机推力矢量的测试测量方法进行了详细分析与探讨。第 2、3 章的相关测试测量方法可运用于其他动力装置之中。第 4 章对动力装置中温度与速度场的测试测量方法加以分析，探讨各种测试测量方法的适用范围，并针对相应的工程问题的测试测量方法进行分析。第 5 章对吸气式发动机地面直连试验研究所需试验系统的设计方法以及工程运用加以介绍，对运用该平台所研究的固体火箭冲压发动机的燃烧产物进行了分析。

本书第 1、4、5 章由蔡文祥撰写，第 2、3 章由夏静撰写。相关图表由薛海峰完成。全书由蔡文祥统稿。具体研究成果的试验由硕士研究生郑旭、孙辉、孙起龙、冯钦、唐剑、林智、林弈林、张俊威等人完成。

由于作者水平有限，难免有不妥及疏漏之处，敬请读者批评指正。

本书受"国家出版基金《高效毁伤系统丛书·智能弹药理论与应用》"项目支持，在此特表感谢。

编著者

2021 年 4 月

目 录

第 1 章 智能弹药动力装置及其试验 ⋯⋯⋯⋯⋯⋯⋯⋯⋯⋯⋯⋯⋯⋯⋯⋯ 001

  1.1 智能弹药典型动力装置及其工作特点 ⋯⋯⋯⋯⋯⋯⋯⋯⋯⋯⋯⋯⋯ 002
    1.1.1 固体火箭发动机 ⋯⋯⋯⋯⋯⋯⋯⋯⋯⋯⋯⋯⋯⋯⋯⋯⋯⋯⋯ 002
    1.1.2 固体冲压发动机 ⋯⋯⋯⋯⋯⋯⋯⋯⋯⋯⋯⋯⋯⋯⋯⋯⋯⋯⋯ 006
    1.1.3 微型涡轮喷气发动机 ⋯⋯⋯⋯⋯⋯⋯⋯⋯⋯⋯⋯⋯⋯⋯⋯⋯ 007
    1.1.4 脉动喷气发动机 ⋯⋯⋯⋯⋯⋯⋯⋯⋯⋯⋯⋯⋯⋯⋯⋯⋯⋯⋯ 008
    1.1.5 膏体推进剂发动机 ⋯⋯⋯⋯⋯⋯⋯⋯⋯⋯⋯⋯⋯⋯⋯⋯⋯⋯ 010
  1.2 智能弹药动力装置试验 ⋯⋯⋯⋯⋯⋯⋯⋯⋯⋯⋯⋯⋯⋯⋯⋯⋯⋯⋯ 013
    1.2.1 试验的特点 ⋯⋯⋯⋯⋯⋯⋯⋯⋯⋯⋯⋯⋯⋯⋯⋯⋯⋯⋯⋯⋯ 013
    1.2.2 试验室组成 ⋯⋯⋯⋯⋯⋯⋯⋯⋯⋯⋯⋯⋯⋯⋯⋯⋯⋯⋯⋯⋯ 014
    1.2.3 试验设计原则 ⋯⋯⋯⋯⋯⋯⋯⋯⋯⋯⋯⋯⋯⋯⋯⋯⋯⋯⋯⋯ 015
    1.2.4 动力装置试验分类 ⋯⋯⋯⋯⋯⋯⋯⋯⋯⋯⋯⋯⋯⋯⋯⋯⋯⋯ 016
    1.2.5 试验台设计一般标准 ⋯⋯⋯⋯⋯⋯⋯⋯⋯⋯⋯⋯⋯⋯⋯⋯⋯ 017
    1.2.6 参照标准 ⋯⋯⋯⋯⋯⋯⋯⋯⋯⋯⋯⋯⋯⋯⋯⋯⋯⋯⋯⋯⋯⋯ 018
    1.2.7 系统安全性要求 ⋯⋯⋯⋯⋯⋯⋯⋯⋯⋯⋯⋯⋯⋯⋯⋯⋯⋯⋯ 018
    1.2.8 发动机安全性措施 ⋯⋯⋯⋯⋯⋯⋯⋯⋯⋯⋯⋯⋯⋯⋯⋯⋯⋯ 018

第 2 章 结构参数测量 ⋯⋯⋯⋯⋯⋯⋯⋯⋯⋯⋯⋯⋯⋯⋯⋯⋯⋯⋯⋯⋯⋯ 019

  2.1 尺寸测量 ⋯⋯⋯⋯⋯⋯⋯⋯⋯⋯⋯⋯⋯⋯⋯⋯⋯⋯⋯⋯⋯⋯⋯⋯⋯ 020
    2.1.1 径向、轴向测量 ⋯⋯⋯⋯⋯⋯⋯⋯⋯⋯⋯⋯⋯⋯⋯⋯⋯⋯⋯ 020
    2.1.2 壁厚测量 ⋯⋯⋯⋯⋯⋯⋯⋯⋯⋯⋯⋯⋯⋯⋯⋯⋯⋯⋯⋯⋯⋯ 021

		2.1.3　角度测量 …………………………………………………… 021
	2.2　质量测量 ………………………………………………………………… 021
		2.2.1　机械天平称量法 …………………………………………… 021
		2.2.2　电子秤称量法 ……………………………………………… 021
	2.3　质心位置测定 …………………………………………………………… 022
	2.4　偏心距测量 ……………………………………………………………… 024
	2.5　转动惯量测量 …………………………………………………………… 026
		2.5.1　三线扭摆法测量原理 ……………………………………… 027
		2.5.2　台式扭摆法测量原理 ……………………………………… 031
	2.6　动不平衡度测量 ………………………………………………………… 034
		2.6.1　平衡精度 …………………………………………………… 036
		2.6.2　校正方法 …………………………………………………… 037
		2.6.3　转子的动平衡计算 ………………………………………… 038
		2.6.4　动平衡量测量 ……………………………………………… 040

第 3 章　动力装置性能测量 ……………………………………………… 043
	3.1　性能参数测量设备选用 ………………………………………………… 048
		3.1.1　根据测试目的确定传感器的类型 ………………………… 048
		3.1.2　线性范围 …………………………………………………… 048
		3.1.3　灵敏度的选择 ……………………………………………… 049
		3.1.4　频率响应特性 ……………………………………………… 049
		3.1.5　稳定性 ……………………………………………………… 049
		3.1.6　精度 ………………………………………………………… 050
	3.2　传感器的标定 …………………………………………………………… 050
		3.2.1　端值法 ……………………………………………………… 052
		3.2.2　平均法 ……………………………………………………… 052
		3.2.3　最小二乘法 ………………………………………………… 053
	3.3　压力传感器 ……………………………………………………………… 055
		3.3.1　电阻应变式压力传感器 …………………………………… 055
		3.3.2　压电式压力传感器 ………………………………………… 060
		3.3.3　压阻式压力传感器 ………………………………………… 062
		3.3.4　压力传感器的标定 ………………………………………… 063
	3.4　推力传感器 ……………………………………………………………… 063
		3.4.1　电阻应变式测力传感器 …………………………………… 063

  3.4.2 压电式测力传感器 ·········· 068
  3.4.3 推力传感器的标定 ·········· 069
 3.5 推力压力测量系统 ·········· 072
  3.5.1 对试验台架的要求 ·········· 072
  3.5.2 试验台架的结构形式 ·········· 073
  3.5.3 试验台架的力学分析 ·········· 075
  3.5.4 试验曲线的定点与处理 ·········· 078
 3.6 旋转发动机试验 ·········· 080
  3.6.1 旋转试验装置 ·········· 081
  3.6.2 转速测量方法 ·········· 082
 3.7 推力偏心测量 ·········· 084
  3.7.1 概述 ·········· 084
  3.7.2 典型的台架结构和组成部分 ·········· 085
  3.7.3 台架的力学分析和计算 ·········· 089
 参考文献 ·········· 092

第4章 温度与速度场测量 ·········· 093

 4.1 温度测量 ·········· 094
  4.1.1 热电偶测温 ·········· 095
  4.1.2 红外热像仪 ·········· 102
 4.2 速度场测量 ·········· 107
  4.2.1 热线风速仪 ·········· 107
  4.2.2 激光多普勒测速 ·········· 110
  4.2.3 粒子图像测速 ·········· 119
  4.2.4 激波纹影测量 ·········· 136
 参考文献 ·········· 144

第5章 地面直连试验系统设计及其运用 ·········· 145

 5.1 地面直连试验系统建设必要性 ·········· 146
 5.2 地面直连试验系统总体设计 ·········· 154
  5.2.1 总体方案设计 ·········· 154
  5.2.2 模拟参数确定 ·········· 155
  5.2.3 加温油气比计算 ·········· 156
  5.2.4 补氧量计算 ·········· 156

5.3 直连试验系统部件设计 ·············· 158
5.3.1 供气子系统 ·············· 159
5.3.2 加温子系统 ·············· 159
5.3.3 补氧子系统 ·············· 160
5.3.4 供油子系统 ·············· 160
5.3.5 来流条件测量子系统 ·············· 160
5.3.6 推压力卧式高精度测量子系统 ·············· 164
5.4 加温器设计 ·············· 164
5.4.1 加温器主要工作状态参数 ·············· 165
5.4.2 压力损失 ·············· 165
5.4.3 主燃区绝热火焰温度 ·············· 166
5.4.4 空气流量初步分配 ·············· 167
5.4.5 机匣和火焰筒尺寸 ·············· 168
5.4.6 火焰筒长度 ·············· 170
5.4.7 主燃孔设计 ·············· 171
5.4.8 掺混孔设计 ·············· 171
5.4.9 冷却孔设计 ·············· 173
5.5 调压系统设计 ·············· 173
5.6 测试控制系统设计 ·············· 174
5.6.1 设计要求 ·············· 174
5.6.2 PLC 控制系统 ·············· 175
5.6.3 上位机软件 ·············· 177
5.7 某固体火箭冲压发动机性能及燃烧产物分析 ·············· 181
5.7.1 试验测量位置 ·············· 181
5.7.2 测量设备 ·············· 181
5.7.3 发动机性能测量 ·············· 182
5.7.4 凝聚相燃烧产物分析 ·············· 185

参考文献 ·············· 196

索引 ·············· 198

第 1 章

智能弹药动力装置及其试验

1.1 智能弹药典型动力装置及其工作特点

喷气式发动机是现代智能弹药的主要动力装置，喷气式发动机是通过喷射工作物质所引起的反作用力作为推动智能弹药运动的动力，产生直接反作用力。根据推进原理的不同，可以将喷气式发动机分为吸气式发动机、火箭发动机和组合发动机三大类，如图 1-1 所示。其中，由于固体火箭发动机具有能量密度高、机动性强的特点，在智能弹药中得到了广泛的运用。但是，为了适应不同智能弹药对推进动力的需要，出现了以固体火箭发动机为基础的固体冲压发动机、固液混合火箭发动机等新型推进装置，以及以涡轮喷气发动机为基础发展起来的微型涡轮喷气发动机，这些新型推进装置具有不同于固体火箭发动机的独特性能，有必要根据发动机的类型开展相应的试验研究。

1.1.1 固体火箭发动机

固体火箭发动机自身携带包含燃料与氧化剂的推进剂，发动机工作不依赖于空气，既能在大气层内也能在大气层外工作，其工作性能与智能弹药飞行环境之间的关系相对较弱。固体火箭发动机的能量来源是推进剂所含的化学能。

第1章 智能弹药动力装置及其试验

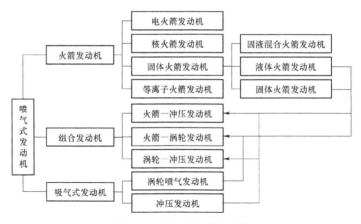

图 1-1 喷气式发动机分类

所有的固体火箭发动机都是热力发动机,热量传给工质通常是在定压或接近定压的条件下完成的,推进剂的化学能经燃烧后转变为高温高压气体并通过喷管膨胀高速向后喷出,最终产生推动智能弹药运动的反作用推力。

1. 固体火箭发动机的组成

固体火箭发动机主要由推进剂装药、燃烧室、喷管和点火装置等部件组成。

固体火箭发动机中常用的固体推进剂有三类,即双基推进剂、复合推进剂和复合改性双基推进剂。固体推进剂以药柱的形式直接以单根或多根的形式放置在发动机的燃烧室中,可以在燃烧室中自由装填,也可以与燃烧室贴壁浇注黏结在一起。对于自由装填的固体火箭发动机,一般需要布置挡药板、固药板等以使药柱固定。固体火箭发动机的推力变化规律需要通过设计特定形状的装药来完成,有时使用阻燃材料对装药的某些部位进行包覆以达到控制燃烧面积变化规律的目的,称为包覆层。图 1-2

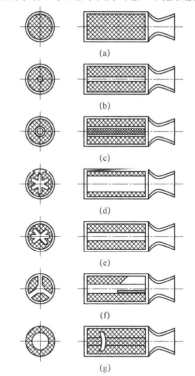

图 1-2 固体火箭发动机常见装药药型
(a)端面燃烧装药;(b)沿内表面燃烧的
圆管型装药;(c)套管式装药;
(d)星型装药;(e)车轮型装药;
(f)管状开槽型装药;(g)锥柱型装药

为典型的固体火箭发动机装药药型。

作为固体火箭发动机的主体,燃烧室用来装填推进剂装药和连接其他部件,以及作为推进剂装药燃烧的空间。因此不仅要求燃烧室要有一定的容积,并能够承受一定时间范围内的高温、高压燃气及颗粒相的冲刷。燃烧室的形状与装药结构有密切关系,通常都是长圆筒形,也有制成其他形状的,如球形或椭球形。燃烧室是整个智能弹药受力结构的一部分,大多采用高强度的金属材料制造,也有的采用玻璃纤维缠绕加树脂成型的玻璃钢结构以减轻燃烧室壳体的质量。为防止壳体材料因过热而破坏,通常在壳体内布置绝热层。

喷管是固体火箭发动机推进剂燃烧得到的高温高压气体所具有的热能转化为智能弹药动能的重要部件,其性能的好坏直接影响发动机的性能。在固体火箭发动机中,可以通过喷管的喷喉面积来控制燃烧室压强,还可使燃气的速度从亚声速加速到超声速,高速喷出后产生反作用推力。固体火箭发动机通常采用由收敛段、喉部和扩张段三部分组成的先收敛后扩张的拉瓦尔喷管。在智能弹药所采用的固体火箭发动机中,一般采用最简单的锥形喷管。此外,为了控制智能弹药的飞行方向和姿态,还可以利用喷管实现推力矢量控制。固体火箭发动机上的推力矢量控制一般有三种形式:一是在喷管扩张段中向燃气流喷入气体或液体,通过改变喷管内表面的压强分布产生侧向控制力;二是在喷管出口截面上安装燃气舵或可旋转的斜切喷口,如图 1-3 所示;三是将整个喷管或其一部分做成如图 1-4 所示的可摆动或可转动结构。

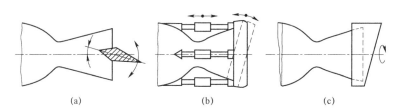

图 1-3　产生控制力和控制力矩的装置示意图
(a) 燃气舵;(b) 环形舵;(c) 斜切旋转喷口

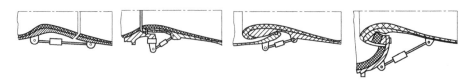

图 1-4　转动喷管的几种结构方案

在火箭发动机的整个工作过程中，喷管始终承受着高温、高压、高速燃气流的冲刷，特别是喉部的工作环境十分恶劣，常发生烧蚀或沉积，进而影响喷管的局部尺寸并改变了发动机的推压力特性。因此，常常在喷管喉部采用无纬布穿刺碳、钨渗铜以及石墨等耐高温耐冲刷的材料作为喉衬，其他表面也采用相应的热防护措施。

固体火箭发动机的点火由点火装置来完成，通常安装在燃烧室的头部或者喷管座上。点火装置的作用是提供足够的热量和建立一定的点火压强，使装药的全部燃烧表面瞬时点燃，尽早进入稳定燃烧。点火装置一般由电发火管和点火剂（烟火剂或黑火药）组成，封装在塑料盒或有孔的金属盒中。通电后，电发火管点燃点火剂，产生高温气体和一定数量的灼热凝相微粒，使装药的局部燃烧表面首先点燃，然后通过火焰传播点燃装药全部燃烧表面。对于尺寸较大的装药，可采用小型的点火发动机作为点火装置，其灼热燃烧产物高速喷出，可迅速到达装药的整个表面，以确保燃烧表面全面瞬时点燃。

点火装置是火箭发动机中比较容易出现故障的部件，对其可靠性必须给予足够的重视。一个性能良好的点火装置，必须能够确保推进剂装药的全部燃烧表面在发动机的整个使用温度范围内都能可靠地点燃，并在较短的时间内进入预定的稳定燃烧状态，建立起正常的燃烧室压强。这就要求点火装置既要防止由于点火能量不足而引起点不着、过度的点火延迟和断续燃烧，也要避免由于点火能量过大而形成燃烧室初始压强突升，增大燃烧室壳体的负荷。

2. 固体火箭发动机的特点

固体火箭推进剂是发动机的能量来源。推进剂被点燃后在燃烧室中燃烧，经过复杂的物理变化和剧烈的化学反应过程，生成的高温高压燃烧产物从燃烧室流入喷管，膨胀加速，使燃烧产物流速由亚声速转变为超声速，并从喷管中高速喷出，从而产生直接反作用力——推力，推动智能弹药的运动。

从能量转换的观点看固体火箭发动机的工作过程，首先是在燃烧室内通过燃烧将推进剂所蕴藏的化学能转换为燃烧产物的热能；其次，燃烧产物在喷管中膨胀加速，其热能转换为射流定向运动的动能；最后，燃烧产物从喷管中喷出产生的直接反作用力对智能弹药做功，推动智能弹药运动，使燃烧产物定向运动的动能转换为智能弹药的飞行动能。由此可见，固体火箭发动机实质上是一个能量转换装置，推进剂在燃烧室中的燃烧过程以及燃烧产物在喷管中的膨胀过程是发生在发动机内部的能量转换过程。

固体火箭发动机之所以得到广泛应用，主要是因为固体火箭发动机存在以下优点：

（1）结构简单，工作可靠性高；

（2）维护操作简单，快速反应能力强；

（3）固体推进剂密度高。

固体火箭发动机也存在一些不足之处，主要包括：

（1）能量较低。固体火箭推进剂的比冲很难超过 3 000 N·s/kg。

（2）工作时间较短。固体火箭发动机的工作时间主要受到两方面的限制：一是受热部件无冷却措施；二是受装药尺寸的限制。固体火箭发动机的最短工作时间可按毫秒计，长的最多几百秒。

（3）推力可调能力有限。

（4）工作压强高。固体火箭推进剂完全燃烧所需的临界压强较高，固体推进剂的高燃烧效率需要在很高的压强下才能发挥出来，增加了燃烧室的强度负荷。

1.1.2 固体冲压发动机

冲压发动机是以冲压方式吸入空气，利用空气中的氧与燃料进行燃烧反应的一种推进装置。典型的冲压发动机比冲性能如图 1-5 所示。由图可知，只有在超声速飞行时冲压发动机才能达到较高的比冲值，因此这种发动机较适合在超声速条件下工作。同时，冲压发动机不具备起飞能力，需要用助推装置达到所需的飞行速度方可稳定工作，这里所采用的助推装置一般以火箭发动机为基础。

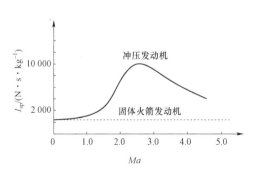

图 1-5 冲压发动机比冲变化示意图

冲压发动机的优点在于：推力比涡喷发动机大，经济性比火箭发动机好，构造简单、质量轻、成本低，不存在高温转动部件的冷却问题，进气道和发动机形状限制较小，允许更高的燃烧温度并产生更大推力。由于冲压发动机一般不能自行启动，在飞行速度低时性能差、动力装置的效率低，当飞行状态偏离设计点时发动机性能很快恶化，冲压发动机作为智能弹药单位迎面推力较小、阻力大，这些问题使得冲压发动机的缺点也很明显。

根据使用的燃料，可以将冲压发动机分为固体冲压发动机和液体冲压发动机两类。其中，固体冲压发动机按结构和工作原理又可分为以下三类：

（1）固体火箭冲压发动机。这种发动机将火箭与冲压发动机组合在了一起,是目前技术最成熟、应用最广泛的一种冲压发动机。

(2)固体燃料冲压发动机。采用固体燃料与冲压空气在突扩燃烧室内混合燃烧技术,使发动机结构更简单紧凑、效率更高。

(3)整体式冲压发动机。这是一种将固体火箭发动机与固体火箭冲压发动机集成在一起的组合推进装置。其中,固体火箭发动机提供助推动力,当智能弹药达到所需的超声速后冲压发动机才开始工作。

固体火箭冲压发动机工作原理如图1-6所示,这里的火箭又称为燃气发生器。根据喷出的燃气是否达到当地声速,固体火箭冲压发动机又分为壅塞式固体火箭冲压发动机和非壅塞式固体火箭冲压发动机。在固体火箭发动机中,燃气发生器的工作压强相对较低,发动机的喷喉比常规的火箭发动机要大。在固体火箭冲压发动机中要求燃气发生器生成的可燃燃气与通过进气道进入补燃室的来流空气充分混合并高效燃烧,所采用的补燃室相对较长。

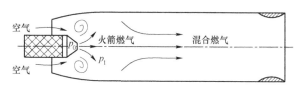

图1-6 火箭冲压发动机示意图

固体燃料冲压发动机是一种固体燃料与冲压空气混合燃烧的发动机,结构上简单紧凑,如图1-7所示。与固体火箭冲压发动机相比,结构简单,比冲高,工作压强更低,故喉部直径更大。

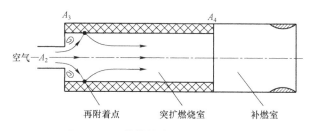

图1-7 固体燃料冲压发动机示意图

1.1.3 微型涡轮喷气发动机

微型涡轮喷气发动机相对于大中型涡喷发动机来说,有着更小的尺寸、更轻的质量、更高的能量密度和更大的推重比,其在微小型智能弹药及能源系统等新兴领域得到了广泛运用,是巡飞弹药和无人机等智能弹药的主要动力装置之一,倍受各国关注。

从 20 世纪 40 年代开始，美国就开始发展弹用动力系统的研究，其中以涡喷发动机作为巡航动力装置的有天狮星、斗牛士、鲨蛇等战略智能弹药。近年来，无论是加工工艺，还是各种材料技术的发展，使得关于微型涡喷发动机研制的相关技术难题渐渐被攻克，使得微型涡喷发动机的发展越来越快，各类型号的微型涡喷发动机也成功地被研制出来，其性能也越来越出色，主要用于航空模型飞机、无人机、靶机、智能弹药、浮空器、热源、红外线靶标等装备。随着微型涡喷发动机的继续发展，越来越多的微型涡喷发动机被用在了民用领域，而且不断普及，应用范围也在不断扩大。预计在未来，微型涡喷发动机将以更高的性能、更轻的质量、更低的油耗、更低的成本、更小的尺寸广泛应用于各种小型智能弹药之上。随着科学技术的不断发展以及人们对微型涡喷发动机深入的研究，不仅影响武器装备的发展，也将影响非常多的民用装备的发展。

1.1.4 脉动喷气发动机

脉动燃烧是声振条件下发生的一种周期性的燃烧过程，如压强、气流速度、温度及热释放率等表征脉动燃烧过程的状态参数随时间周期性变化，在很大程度上强化了传热、传质及动量传递（混合）过程，从而使其具有很高的燃烧效率、热效率、燃烧强度和很低的污染物（如 NO_x、烟尘等）排放量。

脉动喷气发动机的工作过程与 Humphrey 循环极为相似。Humphrey 循环是以等容加热过程之后的等熵压缩过程为起始，然后高温燃气等熵膨胀，在膨胀过程中产生推力。接下来，进行等压放热排气，最终封闭整个循环。脉动喷气发动机的循环过程与 Humphrey 过程之间的主要区别在于放热过程。在脉动喷气发动机中，其放热并非完全意义上的等熵放热过程，也不是等压过程，而是介于两者之间的状态。

根据燃烧装置阀片的工作原理，可将其分为有阀式和无阀式两种。其中，有阀式脉动喷气发动机，由于从尾喷管排出的高温燃气的惯性，燃气排出喷管后继续向外运动，从而在燃烧室内造成一定的负压，进而打开阀片，新鲜空气得以进入燃烧室。此时燃油进入燃烧室，和同时进入的新鲜空气、残存在燃烧室内的前一循环的高温燃气混合。前一循环压力波从尾喷管开放段反射到燃烧室里面，燃烧室内的压力增加从而使阀片关闭，辅助残存在燃烧室内的前一循环的高温燃气点燃燃烧室内的可燃混合物。这样，脉动燃烧喷气发动机开始循环工作，周而复始。在这一类燃烧装置的空气和燃料进口处都设有机械式的单向阀，也有的只在空气进口管路上安装机械式单向阀。单向阀的存在，令这类脉动燃烧装置都具有自吸功能，可以自行吸入空气和燃料，而不需用鼓风机鼓送供燃烧的空气。常用的机械式单向阀有两种，膜片式单向阀和簧片式单向阀，如图 1-8 所示。

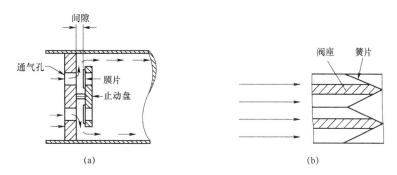

图 1-8　机械式单向阀的构造简图
(a) 膜片式；(b) 簧片式

有阀式脉动喷气发动机由进气道、中心锥、阀片、燃烧室、收敛段、喷管等结构组成，典型结构如图 1-9 所示。进气道前端安装有油针，燃油经油针进入进气道并进行雾化，雾化后的油气混合物进入燃烧室由火花塞引燃。

图 1-9　有阀式脉动喷气发动机结构

无阀式脉动喷气发动机工作过程与有阀式较为相似，只是没有阀片动作。无阀式脉动喷气发动机循环工作过程严格依赖进气道及尾喷管内压力传递过程。无阀式脉动燃烧装置又称为气动阀式脉动燃烧装置，大多数属于施密特型，少量的属于亥尔姆霍茨型。无阀式脉动喷气发动机简化了结构，提高了整个装置的寿命。

在发现脉动燃烧现象之后，人们开始了对它的探索与研究。在开始，只限于对原理及特性的研究，直到 20 世纪初才开始考虑应用脉动燃烧现象于工程问题，作为动力装置被称为脉动喷气发动机。脉动喷气发动机第一次成功运用，是第二次世界大战末期使用的世界上第一种巡航导弹，即德国 V1 导弹。V1 导弹的成功引起了人们对脉动喷气发动机的研究兴趣。第二次世界大战以后，美国 Hiller 公司对无阀式脉动喷气发动机进行了一系列的研究工作，是目前常见的无阀式脉动喷气发动机的鼻祖。此外，Hiller 发明了推力放大器并将其投入实际运用。由于火箭和燃气涡轮发动机成本降低且可靠性增加，以至于对脉动喷气发动机的研究兴趣大幅度下降，研究活动也变得缓慢，在 Hiller 之后对脉动喷气发动机的研究逐渐减少，在各个领域脉动喷气发动机逐渐被涡轮喷气发动机替代。在对脉动喷气发动机大规模研究的黄金时期之后，对其研究的多是业余爱好者，其主要目的是作为遥控飞机或遥控赛车的动力装置。

随着小型无人机与巡飞弹药的研发日益兴起，其关键技术之一是小型低推力长航时动力技术。目前，由于对小型无人智能弹药需求的迅速增长，迫切需要找到一种合适的动力装置，要求这种动力装置尺寸小、质量轻、效率高、寿命长、性价比高、抗过载能力强。由于脉动喷气发动机简单到极致的结构，非常适应这种需求，军方对脉动喷气发动机又重新产生兴趣。俄罗斯的 R90 无人机为现代应用脉动喷气发动机的最新代表。俄罗斯航天公司 Enics 已经发展了 3 种以脉动喷气发动机作为动力装置的飞机，其中 R90 巡飞弹是当代运用脉动喷气发动机的典型代表，如图 1-10 所示。该公司于 2005 年 2 月在阿联酋的首都阿布扎比举行的航展上展示了由其研制的 R90 巡飞弹。该巡飞弹总长 1.42 m，翼展 2.56 m，质量为 42 kg，使用 M44D 脉动喷气发动机，射程可达 70 km，续航时间为 30 min，飞行高度为 200~600 m，由 СплавСмерч 多管火箭发射装置发射。

图 1-10　航展中的 R90 巡飞弹

1.1.5　膏体推进剂发动机

膏体推进剂是由传统的固体推进剂或液体推进剂改性而来的，它介于固态和液态之间而呈牙膏状，具有良好的流动性、塑性、黏度、触变性等特定性能并能长期保持稳定，当其不受外力作用时可以保持不流动的半固体状态，加压时则能像液体一样易流动。膏体火箭发动机技术结合固体火箭发动机技术和液体火箭发动机技术的优点于一身，实现二者的性能优势互补，同时克服了两者的缺点，成为一种具有显著发展潜力的新型火箭推进技术。膏体火箭发动机的优势体现在以下几个方面：

（1）与液体火箭发动机相比，膏体火箭发动机结构更加简单，推进剂不易泄漏、不易爆炸，更加安全可靠。

（2）与固体火箭发动机相比，膏体火箭发动机可实现多次启动和大范围的灵活推力控制，能增强火箭武器的突防能力。

（3）膏体推进剂具有非常好的可塑性，药型可任意变化，装填时能很好地粘贴到发动机的壁面上，装填系数接近1。

（4）免去了发动机生产中的浇铸、固化、脱模及药柱包覆等工序，可缩短生产周期，降低生产成本。

（5）膏体推进剂具有很高的松弛性，在非均匀温度场、振动、过载和冲击等条件下可靠性高，可避免由裂纹、碰撞等因素引起的事故。

（6）膏体推进剂不像固体推进剂那样有严格的力学性能限制组分选择余地更宽，性能调节范围更广。

（7）高性能配方的膏体推进剂具有良好的长期存储稳定性。

由于膏体火箭发动机所具有的独特优势，在航空航天及武器系统等领域具有非常大的应用价值，可以提高武器系统的突防能力，为运载火箭提供更大的动力，对智能弹药进行姿态控制，应用范围十分广阔。当膏体推进剂采用侧向挤进供给方式时，储运系统和燃烧室可以进行一体化设计，发动机系统结构得到进一步精简、优化，体积大大减小，可满足航空航天等工程领域对发动机小型化的要求；另外，多个喷管可以共用一套储运系统和燃烧室，能实现多方向的推力控制，进行发动机的姿态调控。

俄罗斯（苏联）的膏体推进剂火箭发动机方案也很多，根据结构不同，大致可分为不可启动燃烧和可启动燃烧两大类。

不可启动燃烧的膏体推进剂火箭发动机的主要特点是燃速高、高压下也不会发生爆轰、力学性能好、抗过载能力强等。因此，具有良好的快速加速能力，可用于不需多次启动的快速拦截器的助推器，典型结构如图1-11和图1-12所示。

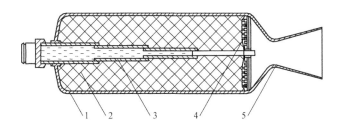

图1-11 膏体推进剂火箭发动机示意图

1—燃烧室；2—膏体推进剂；3—液压作动筒；4—热变形调节器；5—喷管

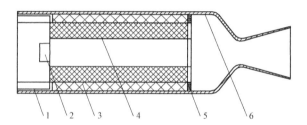

图 1-12 固体和膏体混合推进剂火箭发动机示意图
1—送料活塞；2—点火装置；3—膏体推进剂；
4—固体推进剂装药；5—带孔挡药板；6—燃烧室

可启动燃烧的膏体推进剂火箭发动机大多采用多个点火器，以实现多次启动。这种发动机可通过调节质量流率来调节发动机推力，目前最大与最小推力比可达 80，最长脉冲间隔时间为 60 s，总工作时间可达 300 s。此类发动机的典型结构如图 1-13 所示。

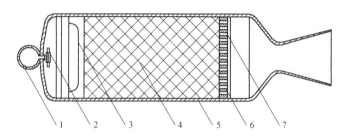

图 1-13 多次启动的膏体推进剂火箭发动机示意图
1—气瓶；2—阀门；3—挤压活塞；4—膏体推进剂；5—燃料箱；6—喷丝组块；7—喷孔

我国从 20 世纪 70 年代开始膏体推进剂火箭发动机研究，并于 90 年代末设计了一种新方案，称为脉冲燃烧型火箭发动机，具有推力可调和多次启动的优点，其原理如图 1-14 所示。

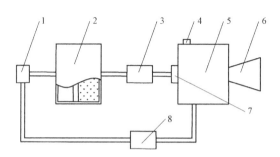

图 1-14 具有反馈调节系统的脉冲燃烧型膏体推进剂火箭发动机结构方案
1—驱动装置；2—推进剂贮箱；3—流量控制器；4—首次点火装置；
5—燃烧室；6—喷管；7—再点火装置；8—压强反馈调节系统

1.2 智能弹药动力装置试验

智能弹药动力装置试验系统设计与测试技术是智能弹药应用的重要前提内容之一。智能弹药动力装置在研制过程中以及交付使用之前必须经历一系列试验方可投入进一步研究或生产。其中，涉及的主要试验内容包括：

（1）部件试验：如燃烧稳定性、排气温压及产物排放特性，壳体温度、点火装置发火试验等；

（2）动力装置整机性能地面试验；

（3）适用性试验，包括动力装置运输、保存，以及模拟使用时所处飞行环境等试验；

（4）外场飞行试验：动力装置作为智能弹药全弹的参与飞行试验。

本书主要论述智能弹药动力装置部件试验、整机性能地面试验所涉及的试验系统设计方法与试验技术，试验过程中特征及性能参数测量、数据处理以及试验测试常用的传感器、仪器仪表等。

新型智能弹药动力装置的研制一般要经历预研及工程设计等基本环节。由于动力装置的性能、可靠性及精度都需要通过试验来检验，研制流程中的很多问题也只能在试验过程中才能暴露，解决研制中的问题很多也需试验来寻找解决问题的方法与途径。比如，在某型微型涡轮喷气发动机改型过程中旋转轴系的动不平衡，固体火箭发动机发射过载的安全性评估等问题。除了单项或部件试验之外，将多项新技术融合一体的动力装置地面综合试验，验证设计理论的正确性、结构形式的可行性、材料与燃料的可靠性与工艺适应性。由此可见，试验研究是智能弹药新型动力装置研制工作的重要组成部分以及必经之路。

1.2.1 试验的特点

1. 试验环境恶劣

智能弹药动力装置工作时间相对短，燃烧室中推进剂燃烧要释放出巨大的能量，产生高温高压气体并伴随着剧烈的振动与噪声，试验环境极为恶劣。在某型固体火箭冲压发动机的试验研究过程中，其环境噪声往往超过130 dB，对于参试人员、设备以及场地提出了极高的要求。此外，由于发动机工作时间短，物理量变化极快，要求试验研究所需的测试测量仪器设备响应快、采样频率高，具备耐高温、抗振动、抗冲击等特点，对于测量技术提出了巨大的挑战。

2. 试验费用高，周期长

智能弹药动力装置设计、制造及生产成本极高，试验件动辄价值数十万或者上百万元，试验研究涉及的复杂的测试测量以及试验系统必然使得试验的准备及调试工作需要大量的时间，上述因素使得智能弹药动力装置的试验研究往往无法进行多次重复性。在有限的时间以及有限的试验台套中，要求尽可能地保证试验的成功率，尽可能采集得到有用的试验数据，为新型智能弹药动力装置的研制奠定基础。

3. 安全隐患多，危险性大

在智能弹药动力装置中，经常涉及火炸药、推进剂、航空煤油等易燃易爆物质，利用新材料、新工艺及新原理设计的动力装置，由于理论设计或者加工工艺的不足，经常容易引起结构失强、螺纹失效以及热防护不足等问题，甚至会发生爆炸或者试验件意外飞脱等问题，从而对试验场地以及试验人员提出了极高的要求。

由于智能弹药动力装置试验的上述特点，对于试验台架的建立、试验设备的配置、动力装置参数的测量系统以及安全防护措施等提出了极高要求。

1.2.2 试验室组成

智能弹药动力装置的试验研究是在专门的试验基地，根据试验要求，一般把试验基地分为以下几个功能区域：

（1）危险品存储区；
（2）危险品处理区；
（3）地面试验测试区；
（4）安全性评估试验区。

各功能区均设置控制室，发动机试验时会产生100分贝以上的强烈噪声，还有一定的危险性，有必要设置隔音且具有防护措施的控制室，供试验人员控制和监视发动机的工作。其中，危险品存储区一般要求能够存储易燃易爆的固体火箭推进剂、液态燃料、火炸药以及成品发动机等。按照分类存储、分批入库、分批使用等原则加以存储，拥有严格的防静电、防雷、防火及防爆措施。

危险品处理区一般单独设置，主要用来完成点火药具制备、动力装置零部件装配以及剩余火工品的销毁等工作。

地面试验测试区一般包括大中小型推压力试验测量台、旋转稳定试验测量台、推力矢量偏心测量台、中止燃烧试验台、传感器标定校准试验台等。此外，针对智能弹药动力装置，还包括可以用于固体冲压发动机、涡轮喷气发动机等吸气式发动机地面直连试验的测量系统等。

安全性评估试验区一般用于动力装置的安全性评估，用来研究发射过载、点火冲击、高低温冲击试验，以及振动冲击试验等。

动力装置试验是根据智能弹药技术发展的需要，随着科学技术水平的提高而发展起来的。由于现代科学技术的发展，新材料、新工艺、新方法的不断涌现，以及新设计理论不断出现，智能弹药动力装置的性能有了很大的提高，对动力装置试验技术与测量技术提出了更高的要求。

智能弹药动力装置常规的试验一般以推力、压力及温度等参数的测量为主。随着智能弹药技术的发展，比如多次启动、连续调节与推力矢量精确控制等要求的不断出现，对于动力装置瞬态参数测量的要求也不断提高。比如固体推进剂瞬态燃速、质量流量测量，瞬时推力矢量测量，内外流场及动力装置瞬态壁温以及红外信号的精确测量，对于试验及测试提出了更高的挑战。

1.2.3 试验设计原则

智能弹药地面试验是按试验任务书要求，将动力装置以一定方式安装在试车台架上，按着预先设置的程序使动力装置工作并按指令完成规定的动作，同时进行参数测量。考核动力装置结构完整性与合理性，各子系统可靠性以及子系统间的匹配特性，动力装置的内弹道特性等。智能弹药地面试验具备以下特点：

（1）经济性。由于用于智能弹药地面试验的动力装置实物数量不可能很多，这就要求每次试验都能获得尽可能多的有用信息，并且这些信息是准确可靠的。

（2）实用性。试验与测试设备应处于最佳工作状态，试验结果令人满意，不出现由于试验程序和其他人为因素而造成的不良后果。

（3）先进性。主要表现为试验与测试设备性能的提高，使测得的各特征参数更加精确，进而使对动力装置结构可靠性和性能可靠性的评定置信度更高。

智能弹药地面试验是个比较复杂的工作过程，试验台架的设计一般需满足以下要求：

（1）能承受发动机在各种环境下可能产生的最大载荷以及点火压力峰等因素产生的短时间破坏载荷。

（2）试车台架的推力测量系统应稳定、可靠，测量精度须满足发动机试车要求。

（3）装有发动机的试车台架，发动机所有振动不得影响台架的安全性，应适当地增加动架重量以减小台架固有振动频率。

（4）对于吸气式发动机，台架主体结构不得对发动机进气流场造成扰流和流场畸变。

（5）台架结构应紧凑、简单、实用，安装维修和使用操作方便。

动力装置性能的评估应尽可能提高测试测量精度兼顾可行性。一般而言，试验台架所用的测试测量系统的测试测量有以下要求：

（1）推力测量系统精度不得超过 $\pm 0.25\%$；

（2）推力测量系统的灵敏度不得大于测量精度的 $1/5$；

（3）主体结构除强度要求外还应有足够的刚度，减少测量的附加误差。

1.2.4　动力装置试验分类

智能弹药动力装置地面试验的考核项目与测量参数可分为两类：一类用于评定动力装置的结构指标，另一类用于分析动力装置的工作性能。

1. 发动机性能试验

动力装置的工作性能主要包括内弹道特性和能量特性，与这两种特性有关的主要参数是压力、推力、温度等。

（1）压力/时间

燃烧室压力/时间历程是智能弹药地面试验必须测量的参数，它是评定动力装置内弹道性能的依据，通过对压力/时间测量结果的处理可以进一步得到最大压力、最小压力、平均压力、平衡压强、燃烧时间、平均燃速、点火延迟等特征参数。

（2）推力/时间

动力装置的推力/时间历程是评定动力装置能量特性的依据，通过对推力/时间测量结果的处理可以得到最大推力、最小推力、平均推力、总冲、比冲等特征参数。

动力装置在进行地面试验时，发动机所产生的推力并不是恒定不变的，推力的大小和方向都会随着时间而发生改变，是衡量火箭发动机技术指标的一个关键的物理量。

由于发动机的推力矢量无法得出理论值，所以单推力试验台无法满足要求。因此，需要一个可以测量各个方向推力大小的装置，即能够测量推力在 X、

Y、Z 轴上的分力和绕各个坐标轴的转矩,通过相关运算得知推力矢量。推力矢量测量时把发动机看作刚体,而因为刚体能够进行的运动只有三个方向上的平动和绕三根轴的转动,所以可以通过安装一些约束条件,限制发动机的六个自由度,使发动机受力平衡,然后通过测量出轴向力和侧向力,就可以求解出推力矢量及推力偏心角和推力偏心距的实际数值。

(3)温度/时间

发动机的温度/时间变化过程可用于分析发动机工作的稳定性、影响燃烧效率的因素以及动力装置工作的稳定性。

2. 安全性评估试验

对于智能弹药动力装置,一般要对点火压力峰,拖尾压力峰,绝热层的热防护性能及其黏结强度,壳体材料的应力、应变、温度等参数的变化,喷管、喉衬以及推力矢量控制部件的耐烧蚀、抗冲刷和热膨胀,各部件连接强度及密封性能,点火器点火性能,切割分离器切割性能,以及由于发射过载及点火冲击对推进剂及电子元器件性能的影响加以安全性评估。安全性评估试验包括:中止燃烧试验,发射过载模拟试验,点火冲击模拟试验,绝热层烧蚀性能评估。

3. 其他参数测量

在地面点火试验时还根据试验需求进行下述各类参数的测量,比如发动机喷管和其他零件的应变、温度,推力偏心,喷管摆角和摆动角速度,发动机在试验前、后的质量,喷管喉径和出口直径在试验前、后的数值,以及热防护层的烧蚀。

1.2.5 试验台设计一般标准

在具体实施过程中遵循以下设计准则。

适用性准则:试验系统应能在规定条件下,完成规定的试验项目。

精度准则:系统应达到技术任务书中所提出的各项精度指标。

可靠性准则:系统主要设备应能在规定条件下,完成规定的试验项目,设备具有较高的可靠性,在正常使用情况下可无须维护使用。

安全性准则:试验系统各种电气设备绝缘及接地良好;机械部分应有安全机构,确保使用过程中操作人员和产品的安全。

可维护性准则:试验系统在规定使用寿命中,主要设备按规定的程序和方法进行维护或维修操作,可保持或恢复规定性能的能力。

1.2.6 参照标准

《GJB 2365A—2004　固体火箭发动机静止试验测试方法》
《QJ 1047—1992　固体火箭发动机压强—时间　推力—时间数据处理规范》
《QJ 1118A—1995　固体火箭发动机试验架设计制造验收通用要求》
《QJ 3312—2008　固体火箭发动机静止试验推力矢量测量方法》
《QJ 2576—1993　固体火箭发动机静止试验术语》
《QJ 3269—2006　姿控发动机推力矢量测量方法》
《QJ 2037A—1998　固体火箭发动机静止试验安全技术要求》

1.2.7 系统安全性要求

（1）测试控制系统与试验场地防爆隔离，只有测控台安全门关闭情况下才能进行点火试验。

（2）每个控制子系统都要有急停开关，发生意外能立即中止试验程序。

（3）试车架坚固耐用且具有一定的抗震和防爆能力，试验台外围设施采用防火防爆功能。

（4）试车台架的设计留有足够的安全系数，具有相应的安全保护和应急处理设施。

（5）试车架要有足够的强度和刚度，要有对高温的防护，要考虑限位、起吊、火焰偏转、反向火焰和抛出物、发动机自由膨胀，防止附加变形与应力集中等因素。

1.2.8 发动机安全性措施

（1）大、中型动力装置采用专用吊具进行起吊，吊具按规定做动负荷试验，吊具上最好装过载报警装置；

（2）装配间及试车间内具有防静电的防火设施；

（3）试车台与测控中心之间要有足够的安全距离；

（4）加强对试验现场的安全管理，对各岗位实行定员定编；

（5）对关键岗位实行目标管理，必要时实行双岗制，避免操作失误；

（6）试车台架的设计留有足够的安全系数，且具有一定的安全保护和应急处理措施。

第 2 章
结构参数测量

2.1 尺 寸 测 量

测量发动机尺寸所需的主要设备、装置有：千分尺、卡尺、高度尺、角度尺、测厚仪、平板等。

测量误差应符合下列要求：① 定心部直径测量误差不大于 0.01 mm，其他径向尺寸测量误差不大于 0.02 mm；② 用高度尺测量轴向尺寸时，其测量误差不大于 0.02 mm，用钢卷尺测量轴向尺寸时，其测量误差不大于 1/1 000；③ 壁厚尺寸测量时，其测量误差不大于 0.01 mm；④ 角度测量时，其测量误差不大于 1′。

2.1.1 径向、轴向测量

首先应清除发动机表面油层，将被测发动机垂直立于平板上或水平置于支撑架上。根据测量部位的尺寸及公差，选择相应的量具，并校正零位。轴向测量部位按产品图样和技术条件要求选定，一般应包括发动机长度、定心部距弹底（头）距离、战斗部长、尾管长度等。使用高度尺时应将高度尺靠近发动机，调整副尺，使量爪触于测量断面（或端面），当用钢卷尺测量时其尺身应平行于发动机轴线。径向测量部位同样按产品图样和技术条件的要求选定，用选定量具依次测量，各测量部位应测量三次，每次旋转 120°，取其平均值。当测量结果与图定尺寸误差较大时，须检查测量方法的正确性并重新测量。

2.1.2 壁厚测量

在发动机测量部位划出等高线，标记测厚定位点。并清除测厚点部位表面漆层和污物，检查测厚仪连线，接好探头，开启电源预热 30 min，根据测厚点部位的壁厚和公差，选择分别接近最大、最小极限厚度的两块标准样块，标定仪器，根据测量部位的壁厚和导声性能选择测厚仪采样挡次（或探头）及量程开关。在测量部位涂以耦合剂，使探头紧贴测量部位，测出壁厚，各测厚点应测量三次，取其平均值。

2.1.3 角度测量

将被测发动机水平放置在平板上，并将其母线调水平。根据测量部位选择适当的专用装置和量具，并进行调试、标定。角度测量一般包括喷管锥角、尾翼斜置角等。

2.2 质量测量

发动机的质量参数是技术指标，也是设计参数，其测量方式有两种：机械天平称量法、电子秤称量法。

2.2.1 机械天平称量法

此法采用的主要设备及装置有机械天平及一些辅助工具，对放置天平的场地要求应平整、稳固。测量误差要求为发动机质量在 60 kg 以下的其称量误差不大于 1 g，质量在 60 kg 以上的其称量误差不大于 10 g。

具体操作主要是根据被测发动机（或部件）的质量选择相应量程的机械天平，调试机械天平基座呈水平状态，对天平进行校正和调整。准备工作完毕后将被测发动机或部件依次轻放在机械天平的物盘内，调整配平，读出砝码盘的标示值并记录。

2.2.2 电子秤称量法

此法采用的主要设备及装置有电子秤、微机系统及辅助工具等，对放置电子秤的场地要求应平整、稳固。电子秤称量误差不大于 0.5 g，称量应在常温下进行。

根据被测发动机的质量选择相应量程的电子秤，调试电子秤基座呈水平状态，需配置微机系统时，接通与微机的接口线路，检查仪器连线，接通电源预热 5 min，用与被测弹（或部件）质量相应的砝码标定电子秤，若有标定误差时，可采用配重方式消除标定误差。将支弹架放在电子秤后使天平置零。配置微机系统时，启动微机系统，调出称量程序。按顺序将被测发动机或其零部件放到电子秤上称量，待显示值稳定后，记录质量显示值。

2.3 质心位置测定

智能弹药质心位置是指智能弹药质心距智能弹药尾部的距离。智能弹药在空中飞行时，如果弹轴与弹道切线方向始终保持一致，则智能弹药弹道方程可简化为质心弹道方程，当弹轴绕质心发生章动或摆动时，弹轴与弹道切线间就会形成一随时间而变化的章动角。章动角增大，导致空气阻力增加，从而缩短射程。为此，良好的弹道性能应使弹轴与弹道切线间章动角尽可能小。靠尾翼稳定的弹丸（如尾翼发动机、追击炮弹、有翼炮弹等）通常是静态稳定的。这是因为尾翼稳定弹丸的空气动力作用点（又称压力中心）位于质心之后。这样，当弹丸受到某一干扰作用而使弹轴偏离弹道切线方向 $\pm\alpha$ 角时，将会产生一个由空气动力和力臂所形成的对质心的力矩，此力矩则力图使弹轴恢复到初始状态（图 2-1）。

普通线膛弹丸是静不稳定的，因为这类弹丸的空气动力作用点位于质心之前。当受到某种扰动而使弹轴偏离弹道切线方向 $\pm\alpha$ 角时，就产生一个使 α 角继续增大的力矩，而使弹轴更加偏离其初始状态（图 2-2）。当然，为了使静不稳定的弹丸达到飞行稳定，高速旋转产生的陀螺稳定应予以弥补。

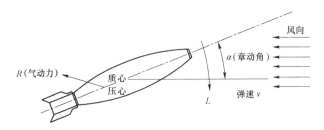

图 2-1 尾翼弹静力稳定示意图

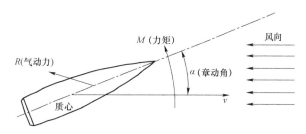

图 2-2 线膛弹静不稳定示意图

由上可知,无论尾翼弹或是线膛弹,其质心位置对飞行稳定性都是至关重要的。如果质心位置距压力中心位置不合适,就会破坏这种稳定,造成弹丸偏离正常的轨道。因此,测量质心位置对保证发动机的飞行性能是十分重要的。

测量质心位置可以检验发动机的质心位置是否符合图纸要求,还可为射击试验结果的分析研究及有关计算提供原始数据,同时可在测量转动惯量和动不平衡度等参数时为划线与计算提供原始数据。

测量质心位置的方法和设备有多种,可以根据测试对象的特点选用或设计专用的测量装置。下面介绍一种采用称重原理的测试方法。如图 2-3 所示,设 G 点为发动机的质心位置,以弹尖作参考点,它到 A 点切面的距离为 X,质心位置 G 到弹尖的距离为 X_G,则

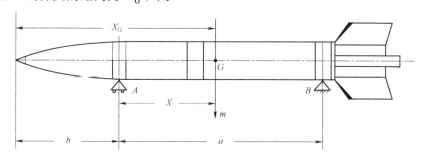

图 2-3 质心-托架装置(大口径火箭弹)

$$X_G = b + X \tag{2-1}$$

为了计算方便,将称重传感器装在 B 点,若测量值为 p kg,由静力矩平衡原理得

$$pa = mX \tag{2-2}$$

$$X = \frac{pa}{m} \tag{2-3}$$

由此得

$$X_G = b + \frac{pa}{m} \tag{2-4}$$

2.4 偏心距测量

由于智能弹药零部件材料密度分布不均匀、制造过程中机械加工的偏差、各组成部分的轴线不重合、壁厚存在一定的尺寸误差、金属及内部装填物密度分布不均匀、引信本身的偏心等，必然导致智能弹药的质量分布对旋转轴不对称，这种性质称为不平衡性。

这种不平衡性可分为静不平衡与动不平衡两种。当发动机高速旋转时，静不平衡可使发动机轴线划出一个圆柱形；而动不平衡则使发动机轴线以质心为顶点划一对顶圆锥形。发动机的不平衡性在多数情况下是上述两种不平衡性的综合。两种不平衡性的综合影响，可使智能弹药高速旋转时产生很大的不平衡力矩与惯性离心力，引起智能弹药的初始扰动，影响智能弹药飞行稳定，使发动机在飞行中产生角散布和侧偏，从而增大散布。为了分析研究上述问题，必须对不平衡性质进行定量描述。在弹道学中，定量描述静不平衡性强弱的量称为静不平衡度，也称为偏心距，因此测量智能弹药的偏心距对弹道学而言也是有重要意义的。智能弹药的偏心距是指智能弹药的质心偏离其几何轴线的距离，用 e_r 表示。测偏心距的称重法原理与测质心位置的称重法原理相同，都是根据静力学中的力矩平衡定理设计的。下面简述一种可同时测量偏心距、质心位置和质量的方法，即三点法。

多支撑点称重测量法智能弹药质心测量台结构如图 2-4 所示，其主要由底座、传感器、升降机构、支弹架、调平装置等组成，各部分的作用如下：

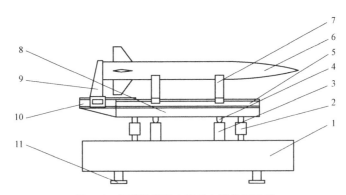

图 2-4 智能弹药质心测量台结构示意图

1—底座；2—升降机构；3—称重传感器；4—球头；5—导轨；6—试件；
7—支架；8—测量平台；9—测量头；10—数显标尺；11—调平机构

第 2 章 结构参数测量

（1）底座下面安装调平机构，可以实现测量平台的调平。

（2）底座上安装三个称重传感器，用于各支撑点承力分量的测量。

（3）非测量状态时，称重传感器必须卸载。称重传感器的加载和卸载是通过一个减速电机带动蜗轮蜗杆升降机构完成的，以保证支弹架升降的平稳性和支撑点的准确性。

（4）支弹架上有安装导轨，两个 V 形支架在导轨上可以移动，以满足不同测量试件的安装要求。

（5）定位数显标尺安装在测量平台上，保证数显标尺的零点相对于测量平台中心基准位置不变。

（6）智能弹药轴向测量基准为弹的后端面，测量设备的轴向测量基准为测量台上的定位块，将数显标尺抵紧被测弹的后端面可测出被测弹轴向测量基准和测量设备的基准之间的相对距离。

（7）球头安装在测量平台上，保证在测量平台升降过程中称重传感器各支撑点位置不变。

重量和质心测量是通过三个称重传感器共同完成的。称重传感器在上平台上的垂直投影如图 2-5 所示。其中点 1、2、3 分别表示三个称重传感器和上平台的接触点，OX、OY 为装置参考轴，原点 O 为装置的转动及定位中心，H_1、H_2、L_1、L_2、L_3 分别为三个称重传感器和参考轴 OX、OY 的垂直距离。

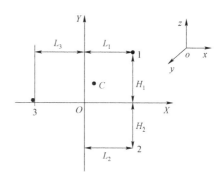

图 2-5 传感器安装位置示意图

设 $oxyz$ 为智能弹药坐标轴，装置 OX 轴和智能弹药轴 ox 重合，点 C 为智能弹药在 oxy 平面的质心位置，则根据力平衡原理，有

$$w = w_1 + w_2 + w_3 \tag{2-5}$$

式中，w 为智能弹药重量；w_1、w_2、w_3 分别为 1、2、3 三点处传感器重量的实测值。

在平面 OXY 内对 OX 取矩可得智能弹药在 oxy 平面内的径向质心坐标 y_c 为

$$y_c = (w_1 H_1 - w_2 H_2)/w \tag{2-6}$$

对 OY 取矩可得智能弹药轴向质心坐标 x_c 为

$$x_c = (w_1 L_1 + w_2 L_2 - w_3 L_3)/w \tag{2-7}$$

将智能弹药绕 x 轴转动 $90°$，使发动机 oz 轴和装置 OY 轴平行，同理可得智能弹药在 oxz 平面内的径向质心坐标 z_c 为

$$z_c = (w_1' H_1 - w_2' H_2)/w \qquad (2\text{-}8)$$

式中，w_1'、w_2' 分别为智能弹药在 $90°$ 状态时 1、2 两点处重量的实测值。

偏心距为：

$$e_r = \sqrt{y_c^2 + z_c^2} \qquad (2\text{-}9)$$

质心位置为：

$$x = L + x_c \qquad (2\text{-}10)$$

式中，L 为被测弹轴向测量基准与测量设备的定位中心之间的相对距离。

由质心计算公式可以看出，质心测量误差主要是由称重测量误差和传感器定位误差引起的。其中定位误差包括传感器安装位置误差及球头顶点的不确定性、试件轴线和理论基准线不一致、测试平台不水平引起的误差等。

一般情况下，由称重测量误差引起的质心测量误差远小于由传感器定位误差引起的质心测量误差，而且由于称重传感器精度还可以进一步提高，由称重测量误差引起的质心测量误差还可以进一步减小；但是，由加工和安装等因素引起的定位误差却很难测定，并且远大于由称重测量引起的误差，因此提高测量精度的关键是尽量减小传感器定位误差，此误差为系统误差，可以通过一定的方法消除，如由此引起的智能弹药径向测量误差 Δy_c 采取使被测弹在支架上滚动 $180°$ 的方法，将相差 $180°$ 的两次测量值取平均值可较好地减小误差。通过合理选择称重传感器的量程和布局方式、提高传感器的测量精度、减小传感器相对于测量中心的力臂长度、采用改进的测量方法等多种途径，测量台可以达到较好的技术指标。

2.5 转动惯量测量

转动惯量是定量描述刚体绕定轴转动时惯性大小的物理量。它与刚体内的质量分布及转轴的位置有关。对于质点而言，由于它只有平动，没有转动，因此说质点的转动惯量是没有意义的。不是刚体（比如流体）不存在转动惯量。

智能弹药的转动惯量对发动机的起始扰动和飞行稳定性以及其他外弹道性能，如射击散布都有影响。因此，测量智能弹药转动惯量可以检验发动机成

品是否符合设计要求并可为发动机的研究设计、发动机的飞行姿态计算和射击结果分析以及发动机的不平衡度计算提供原始数据,同时也可为发动机形状的优化提供信息。

测量转动惯量的方法非常多,常用的方法有单丝扭摆法、三线扭摆法、台式扭摆法等,下面将分别予以介绍。

2.5.1 三线扭摆法测量原理

1. 扭摆法的普遍论述

(1)扭摆。

在一条上端固定的金属线的下端悬挂一个刚体,使其以金属线为轴作往复扭动,如图2-6所示,金属线必须通过刚体的质心 C,同时金属线应看作弹性体,这样的装置称为扭摆。原始的扭摆都是一条金属线,因此称为单丝扭摆。

(2)单丝扭摆的特点。

① 待测物体的质心运动在单丝扭摆情况下,基本上可以忽略不计。

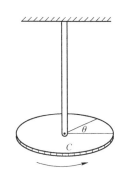

图2-6 单丝扭摆示意图

② 在单丝摆的情况下,恢复力矩是弹性力提供的,与重力无关,因此只要服从虎克定律则其扭动周期 T 与扭转角幅 θ_0 无关。

(3)单丝扭摆的恢复力矩。

单丝扭摆的恢复力矩 L 是由金属丝提供的,若金属丝被扭转一个角度 θ,则恢复力矩 L 与 θ 成正比。即

$$L = K\theta \qquad (2\text{--}11)$$

式(2-11)中 K 称为恢复力矩系数,它与金属丝的形状及刚度有关。当然式(2-11)只适用于弹性形变(遵守虎克定律)。若金属丝的截面积各处相同且为圆形,设其直径为 d,则恢复力矩系数 K 为

$$K = \frac{\pi G d^4}{32 l} \qquad (2\text{--}12)$$

式中 d——金属丝的直径;

      l——金属丝的长度;

      G——金属丝的刚度模量(切变模量)。

因为发动机较重,用未经改进的单丝扭摆来测它的转动惯量是不适宜的,

应改进单丝扭摆使其扭动时比较稳定，如采用带平衡装置的单丝扭摆或三线扭摆来测量。

2. 三线扭摆的运动方程与测量公式

三线扭摆如图 2-7 所示，OO' 是通过上下两个刚性圆盘质心的铅直轴，下盘可以绕 OO' 轴扭动，两盘必须水平放置，且相互平行。上盘固定，两盘间的铅直距离为 H。三条等长的金属丝长度为 l，固定在上下两个盘上，三根丝两端的固定点必须各在同一圆周上，即 1、2、3 在下盘的同一圆周上，下盘圆半径为 a_2，而 $1'$、$2'$、$3'$ 在上盘的同一圆周上，上盘圆半径为 a_1（$a_2 > a_1$）。推导运动方程时的物理模型为：

① 扭转角很小，因而 $\sin\theta \approx \theta$；② 空气阻力不计；③ 金属丝不伸长；④ 三根丝的截面与刚度均相同。

当下盘扭转角度 θ 时，下盘质心 O 上升至 O_1，设上升距离为 h（图 2-8），则

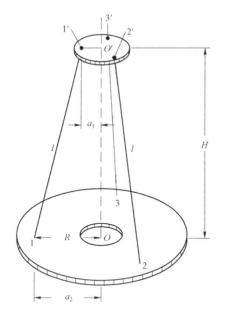
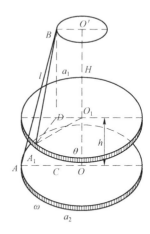

图 2-7　三线扭摆示意图　　图 2-8　推导三线扭摆测量公式用图

$$\overline{BC}^2 = \overline{AB}^2 - \overline{AC}^2 = \overline{AB}^2 - (a_2 - a_1)^2$$

$$\overline{BD}^2 = \overline{A_1B}^2 - \overline{A_1D}^2 = \overline{A_1B}^2 - (a_2^2 + a_1^2 - 2a_1a_2\cos\theta)$$

因为

$$\overline{AB} = \overline{A_1B} = l$$

$$\overline{BC} + \overline{BD} \approx 2H$$

$$h = \overline{BC} - \overline{BD} = \frac{\overline{BC}^2 - \overline{BD}^2}{\overline{BC} + \overline{BD}} = \frac{a_1 a_2 (1 - \cos\theta)}{H}$$

利用

$$1 - \cos\theta = 2\sin^2\frac{\theta}{2}$$

所以

$$h = \frac{2a_1 a_2}{H}\sin^2\frac{\theta}{2}$$

又因为 θ 很小，$\sin\frac{\theta}{2} \approx \frac{\theta}{2}$，所以

$$h = \frac{a_1 a_2 \theta^2}{2H} \tag{2-13}$$

由于不计空气阻力，故机械能守恒，$E_k + E_p = $ 恒量，即

$$\frac{1}{2}I_0\omega^2 + mhg + \frac{3}{2}K\theta^2 + \frac{1}{2}mV_c^2 = 恒量 \tag{2-14}$$

式中，$\frac{1}{2}I_0\omega^2$ 为转动动能；I_0 为下盘转动惯量；m 为下盘质量；V_c 为下盘质心上升速度；$\frac{3}{2}K\theta^2$ 为三条金属丝的弹性势能，亦即恢复力矩所做的功，即

$$A = 3\int_0^\theta L\,d\theta = 3\int_0^\theta K\theta\,d\theta = \frac{3}{2}\theta^2 K$$

式（2-14）两边对 t 求导得

$$I_0\omega\frac{d\omega}{dt} + mg\frac{dh}{dt} + 3K\theta\frac{d\theta}{dt} + mV_c\frac{dV_c}{dt} = 0 \tag{2-15}$$

考虑到

$$\omega = \frac{d\theta}{dt} \qquad V_c = \frac{dh}{dt}$$

由式（2-13）得

$$\frac{dh}{dt} = \frac{a_1 a_2 \theta}{H}\frac{d\theta}{dt} = V_c$$

因而

$$\frac{dV_c}{dt} = \frac{a_1 a_2}{H}\left[\left(\frac{d\theta}{dt}\right)^2 + \theta\frac{d^2\theta}{dt^2}\right]$$

将以上式子代入式（2-15）得

$$\left(\frac{ma_1^2a_2^2}{H^2}\theta^2+I_0\right)\frac{d^2\theta}{dt^2}+\frac{ma_1^2a_2^2}{H^2}\theta\left(\frac{d\theta}{dt}\right)^2+\left(\frac{mga_1a_2}{H}+3K\right)\theta=0 \quad (2-16)$$

式（2-16）即是三线扭摆的运动方程。忽略 θ^2 以上各项，则式（2-16）变为

$$I_0\frac{d^2\theta}{dt^2}+\left(mg\frac{a_1a_2}{H}+3K\right)\theta=0$$

$$\frac{d^2\theta}{dt^2}+\frac{\frac{mga_1a_2}{H}+3K}{I_0}\theta=0 \quad (2-17)$$

可见

$$\omega_0^2=\frac{mg\frac{a_1a_2}{H}+3K}{I_0}$$

即空摆的摆动周期为

$$T=\frac{2\pi}{\omega_0}=2\pi\sqrt{\frac{I_0}{\frac{mga_1a_2}{H}+3K}} \quad (2-18)$$

$$I_0=\frac{1}{4\pi^2}\left(\frac{mga_1a_2}{H}+3K\right)T^2 \quad (2-19)$$

若金属丝具有圆形截面且直径 d 很小，即

$$d\ll\frac{a_1a_2}{H}$$

则 $3K$ 可忽略不计，得

$$I_0=\frac{1}{4\pi^2}\frac{mga_1a_2}{H}T^2 \quad (2-20)$$

式（2-19）与式（2-20）即为用三线扭摆法测发动机转动惯量的基本公式，只要测出 H、m、a_1、a_2、T 即可测定下盘的转动惯量 I_0。将待测发动机固定在下盘上，如图 2-9 所示，其质心与下盘质心重合，设待测发动机的质量为 m_b，测出其扭动周期为 T_b，则其转动惯量 I_b 为

$$I_b=\frac{(m+m_b)}{4\pi^2H_1}a_1a_2gT_b^2-\frac{mga_1a_2}{4\pi^2H}T^2 \quad (2-21)$$

因下盘加上待测发动机，悬线会略微伸长，$H_1>H$。因此待测发动机的转动惯量可由式（2-21）算出。由式（2-21）可知，三线扭摆法与单丝扭摆法之间的主要差异在于单丝扭摆的摆动周期主要由弹性力决定，而三线扭摆则主要决定于金属丝的张力与重力。

实际影响三线扭摆摆动周期变化的主要因素有：① 摆动的不同轴度及由此产生被测构件组合的振动现象，为此在夹具上安装自动释放机构，并保证其

各点同时释放；② 摆线的弹力过强、扭力不均造成摆动不平衡，所以应当采用拉伸度小且柔软的金属丝做摆线，摆线的直径要适合于被测构件的重量；③ 三条摆线要等长，构件放置须水平，摆线各悬挂点要卡紧。

在计算摆动周期时，应注意两种误差：① 夹具与被测构件间的间隙过大产生的间隙误差；② 被测构件重量引起摆线伸长造成的摆线误差，如采用直径为 0.4 mm、长 3 900 mm 的 65Mn 弹簧钢丝做摆线，被测构件重 12 kg，摆线可伸长 10 mm。

3. 三线扭摆法的适用范围

作为测量公式，式（2–21）的适用条件是：① 空气阻力不计；② θ 很小，$\sin\theta \approx \theta$，即微扭动；③ 忽略质心平动动能 $\frac{1}{2}mV_c^2$；条件是 $\frac{a_1 a_2}{H} < 1$，因而 $\frac{a_1^2 a_2^2}{H^2} \ll 1$，所以 $\frac{ma_1^2 a_2^2}{H^2}\theta^2 + I_0 \approx I_0$；$m\frac{a_1^2 a_2^2}{H^2}\theta\left(\frac{d\theta}{dt}\right)^2 \to 0$；④ 金属丝圆形截面直径 d 很小。

由式（2–12）可知 $K = \frac{\pi G d^4}{32 l}$，$3K$ 与 $mg\frac{a_1 a_2}{H}$ 相比可忽略不计，即可忽略金属丝的扭力矩。

据此在测量操作中应注意下列几点：

（1）悬线长 l 及二盘间铅直距离 H 应不宜太短；

（2）上下两盘应保持水平；

（3）上下两盘上悬线端点至转轴距 a_1 与 a_2 应这样选择：$\frac{a_1 a_2}{H} < 1$，$a_1 a_2 \gg d^2$；

（4）三条悬线在上下两盘的端点应各在同一圆周上，且转轴必须通过上下两盘与待测弹箭的质心；

（5）初始扭转角 θ_0 不能太大。

必须指出在高精度测量中，发动机与刚体模型有偏离，发动机的转动惯量是温度的函数。当然，测试设备必须非常灵敏才能确保在不同温度下测量发动机的转动惯量会得到不同的数值。在不同温度下转动惯量测量值的差别并非由测试设备的系统误差所引起，而是由发动机与刚体模型的偏离所致。

2.5.2 台式扭摆法测量原理

台式扭摆法是在三线扭摆法与单丝扭摆法基础上进行改进而成的。这个方法是现阶段测量物体转动惯量的较好方法。它的优点是：① 稳定性好；② 测量迅速而且精度高；③ 物体重力不参与扭摆运动；④ 空气阻力影响很小。

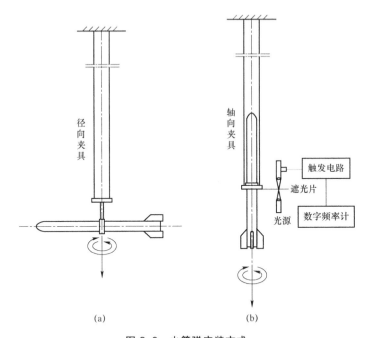

图 2-9 火箭弹安装方式
(a) 测绕径向惯性矩；(b) 测绕轴向惯性矩

1. 测量公式

测量装置如图 2-10 所示。图中扭杆用于确定平衡位置和产生扭振运动，平台和 V 形架用于放置待测发动机。如果待测发动机很长，测极转动惯量时不安全，可采用图 2-11 所示方法。待测发动机可借助夹具直接插入空心转轴中，这时由于转轴比较大，可采用圆柱拉伸螺旋弹簧。转轴用两个推力轴承固定（图中未画出）以实现空心转轴连同待测物在一起的定轴扭振运动。

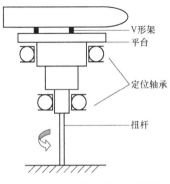

图 2-10 台式扭摆结构示意图

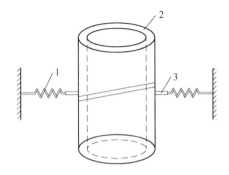

图 2-11 台式扭摆零件
1—圆柱拉伸螺旋弹簧；2—空心转轴；3—钢带

当将扭摆系统转动一初始位移角后释放，系统呈自由振动状态，其运动方程为：

$$I_0 \frac{d^2\theta}{dt^2} + K\theta + L_r = 0 \qquad (2-22)$$

式中　I_0——系统对转轴的转动惯量；

　　　K——弹簧的扭矩系数；

　　　L_r——阻尼力矩；

　　　θ——扭转角（或角位移）。

若忽略阻尼影响，则 $L_r \to 0$，式（2-22）变为

$$I_0 \frac{d^2\theta}{dt^2} + K\theta = 0$$

$$\frac{d^2\theta}{dt^2} + \frac{K}{I_0}\theta = 0$$

令

$$\omega_0^2 = \frac{K}{I_0} = \left(\frac{2\pi}{T}\right)^2$$

得

$$I_0 = \frac{K}{4\pi^2} T^2 \qquad (2-23)$$

式中，I_0 为待测物体的转动惯量 I_b 与扭摆系统本身的转动惯量 I_t 之和，因此式（2-23）可写为

$$I_b = \frac{K}{4\pi^2} T^2 - I_t \qquad (2-24)$$

式（2-24）中 $\dfrac{K}{4\pi^2}$ 是一个常数（当然不考虑温度影响），它由扭摆的弹簧所决定。由式（2-24）可知，若 $\dfrac{K}{4\pi^2}$ 及 I_t 已知，只要测出托盘加待测物体后的振动周期 T，就可以算出待测物体的转动惯量 I_b。

2. 测定 $K/(4\pi^2)$ 及 I_t 的方法

首先，托盘上不放待测物体，测量扭摆的振动周期 T_t 按式（2-23），得

$$I_t = \frac{K}{4\pi^2} T_t^2 \qquad (2-25)$$

式中　T_t——空盘时扭摆的振动周期。

然后，在托盘上放置一个标准物体，其转动惯量可由理论公式算出是已知的，令为 I_s。

由式（2-24）得

$$I_s = \frac{K}{4\pi^2}T_s^2 - I_t \quad (2-26)$$

式中　T_s——加标准物体后扭摆的振动周期。

由式（2-25）与式（2-26），得

$$\left.\begin{array}{l} \dfrac{K}{4\pi^2} = \dfrac{I_s}{T_s^2 - T_t^2} \\[2mm] I_t = \dfrac{T_t^2}{T_s^2 - T_t^2}I_s \end{array}\right\} \quad (2-27)$$

3. 适用范围

台式扭摆法特别适用于测不规则物体的转动惯量，也可用来测几克重的物体，测量范围比单丝扭摆与三线扭摆要大得多。它的适用条件是：① 待测物体转轴与扭摆转轴平行；② 不计空气阻力；③ 托盘与待测物体只有扭动没有平动；④ 弹簧只作弹性形变，即服从虎克定律。

2.6　动不平衡度测量

智能弹药的动不平衡是指智能弹药的质量相对几何轴线是不均匀的，其密度 ρ 是空间的函数，可写为

$$\rho = \rho(x, y, z)$$

且对转轴不具有空间反演对称性，即

$$\rho(x, y, z) \neq \rho(-x, -y, -z) \quad (2-28)$$

因此当智能弹药转动时，对固定在智能弹药上的参照系而言，智能弹药每个质点都受到惯性离心力的作用。对智能弹药整体而言，由式（2-28）可知，各质点的惯性离心力不能完全抵消，其叠加结果可以得到一个合力 $\vec{R}_0$ 与一个合成力矩 $\vec{L}_0$。这个力矩使智能弹药的几何轴线偏离它的惯性主轴，定量描述这种偏离程度的参量称为发动机的动不平衡度，习惯上用发动机的几何轴线与惯性主轴间的夹角 β 来描述。

任何一个回转体旋转时，其体内无数个微小质点都将产生离心惯性力，这些无数的离心惯性力，组成了一个惯性力系，作用在转子上，使其产生弯曲变

形。弯曲变形改变了质点至旋转轴线的距离，使离心惯性力大小产生变化，又使回转体产生新的变形，如此反复，直至抵抗变形的弹性恢复力与离心惯性力平衡为止。

工程中，若回转体在离心惯性力系的作用下，只产生微小的变形，则为刚性回转体，并忽略其变形的影响，这样做的好处是能简化惯性力系的分析与处理，反之则需要作为柔性回转体处理。一般来说，将工作转速低于其一阶临界转速 0.5 倍的回转体视为刚性的，而工作转速超过其一阶临界转速 0.7 倍的回转体，则应按柔性的处理。某型微型涡喷发动机转子系统一阶固有频率为 1 440.1 Hz，其对应的一阶临界转速为 86 406 r/min，而转子的慢车转速为 30 000 r/min，所以可将该转子视为刚性转子。

下面以一个任意形状的刚性回转体为例说明其平衡原理。假设该回转体以等角速度 ω 绕一固定轴 z 旋转，取 z 轴上任意一点为坐标原点，记为点 O，则按理论力学原理，可知刚性回转体上无数个质点产生的离心惯性力向 O 点简化的结果，将得到此惯性力系的主矢 R_0 及主矩 M_0（图 2-12），用矢量表示为

$$\left. \begin{array}{l} R_0 = \sum F_j = \sum m_j \omega^2 r_j = M\omega^2 r_C \\ |R_0| = M\omega^2 |r_C| \end{array} \right\} \quad (2\text{-}29)$$

$$\left. \begin{array}{l} M_0 = \sum \rho_j \times F_j \\ |M_0| = \omega^2 \sqrt{J_{yz}^2 + J_{zx}^2} \end{array} \right\} \quad (2\text{-}30)$$

式中　m_j——第 j 个微小质点的质量（kg）；

　　　r_j——第 j 个微小质点到 z 轴的距离矢量（m）；

　　　F_j——第 j 个微小质点产生的离心惯性力（N）；

　　　M——刚性回转体的总质量（kg）；

　　　r_C——刚性回转体的质心 C 点到 z 轴的距离矢量（m）；

　　　ρ_j——第 j 个微小质点到原点 O 的距离矢量（m）；

　　　J_{yz}——刚性回转体对 x 轴的离心惯性积（kg·m²）；

　　　J_{zx}——刚性回转体对 y 轴的离心惯性积（kg·m²）。

主矢 R_0 的大小与原点 O 的位置选择无关，而主矩 M_0 的大小却与原点 O 的位置选择有关。刚性回转体在旋转时，主矢和主矩的方向也随同产生旋转性变化，因此对轴承产生交变的动压力。所以，刚性回转体平衡的必要与充分条件，是惯性力系向任一点简化得到的主矢与主矩都为零。

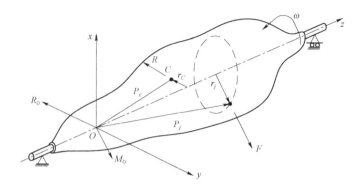

图 2-12　刚性回转体惯性力系简化示意图

式（2-29）中，由 $R_0=0$ 可推出 $r_C=0$，即 z 轴必须通过质心 C；式（2-30）中，由 $M_0=0$ 或 $|M_0|=0$ 可推出 $J_{yz}=0$ 及 $J_{zx}=0$，即 z 轴必须是刚性回转体的某一条惯性主轴。满足条件 $R_0=0$ 及 $M_0=0$ 的轴即为中心惯性主轴，要使一个不平衡的刚性回转体成为平衡的刚性回转体，就需要重新调整其质量分布，使其新的中心惯性主轴与旋转轴重合。

2.6.1　平衡精度

首先，用什么尺度来衡量一个转子的平衡品质是十分重要的问题。因为一个转子经过动平衡后，不可能把不平衡量完全消除，只能把它降低到许可的程度。

刚性回转体的惯性力系的主矢 $R_0=M\omega^2 r_C$，如公式（2-29）所示，令不平衡量 $U=Mr_C$ 可排开转速的影响，能更好地表现惯性力的大小。工程中也常取 $|U|=mr$ 来确定校正质量 m 及校正半径 r 的大小。一般来说，回转体质量越大，允许的剩余不平衡量也较大，为了方便比较两个不同质量的回转体的平衡情况，用不平衡量 U 不是特别方便，工程中常采用偏心距 $e=|U|/M$，当 U 的单位为 g·mm，回转体的总质量 M 的单位为 kg 时，e 的单位为 μm。偏心距 e 又可称为剩余不平衡率，即每单位质量上的剩余不平衡量。

20 世纪 60 年代初西德提出了下述准则：不论什么转子，当动平衡品质相同时，其轴承的单位动力承压应该相同，也就是用轴承的单位承压大小作为衡量动平衡品质的出发点。按照上述准则，如果两个转子的动平衡品质相同，就有

$$\frac{F_1}{S_1}=\frac{M_1 e_1 \omega_1^2}{S_1}=\frac{F_2}{S_2}=\frac{M_2 e_2 \omega_2^2}{S_2} \quad (2\text{-}31)$$

式中，F 为轴承力，S 为轴承面积，ω 为转速，下标 1 和 2 表示两个转子。假

定两个转子几何相似，其几何比例为 v，则有

$$\left.\begin{array}{l}S_1 = v^2 S_2 \\ M_1 = v^3 M_2\end{array}\right\} \quad (2\text{-}32)$$

两个转子的材料认为是相同的，所以两个转子表面的允许线速度也应相同，即

$$r_1\omega_1 = r_2\omega_2$$

式中 r_1 与 r_2 分别为两个转子的半径，其比例为 v，因此有

$$\omega_1 = v^{-1}\omega_2 \quad (2\text{-}33)$$

将式（2-32）与式（2-33）代入式（2-31），可得

$$e_1\omega_1 = e_2\omega_2 \quad (2\text{-}34)$$

这个式子表明，同样的动平衡品质，其 $e\omega$ 值是相同的。由此可见，可以用 $e\omega$ 值来作为动平衡品质的衡量尺度。

国际标准化组织推荐，以质心 C 点旋转时的线速度 $e\omega$ 为平衡精度的等级，记为平衡精度等级 G，单位为 mm/s，并以 G 的大小作为精度标号。精度等级之间的公比为 2.5，共分为 G4000、G1600、G630、G250、G100、G40、G16、G6.3、G2.5、G1、G0.4 共十一级，平衡精度等级 G 与偏心距 e 之间的关系为

$$G = e\omega/1000 \quad (2\text{-}35)$$

在确定某一回转体的精度等级 G 时，不仅要考虑技术上的先进性，而且还必须注意其经济上的合理性，不应盲目追求刚精度等级。工程中可根据不同类型的工作机械、使用场合、转速高低、用户意见等来确定。

2.6.2 校正方法

不论是哪一种回转体和哪一种平衡，校正方法都可以分为加重、去重和调整校正质量三类方法。

（1）加重就是在已知该校正面上折算的不平衡量 U 的大小及方向后，有意在 U 的负方向上给回转体加上一部分质量 m，并使质量 m 到旋转轴线的距离 r 与质量 m 的乘积等于 $|U|$，即 $mr = |U|$，显然，该校正面上的不平衡被消除了。加重可采用补焊、喷镀、胶接、铆接和螺纹连接等多种工艺方法加配质量。加重中，若附加质量体积较大，应准确计算出其质心的位置，并按此位置计算 r。

（2）去重就是在已知校正面上折算的不平衡量 U 的大小及方向后，有意在 U 的正方向上从回转体上去除一部分质量 m，当 $mr = |U|$ 时，去除的质量 m 产生的不平衡量就是 U，因而该校正面上的不平衡量也被消除了。去重可采用钻、磨、铣、锉及激光打孔等多种工艺方法去除质量。

（3）调整校正质量则是预先设计出各种结构如平衡槽、偏心块、可调整径向位置的螺纹质量小块等，通过调整各种结构中的校正质量块的数量或径向位置或角度分布，达到抵消不平衡量 U 的目的。

不论哪一种校正方法，要求加上或去掉或进行调整的不平衡量的大小和方向应该准确，有些工艺过程需进行一定的数学计算，才能精确地控制调整量。

2.6.3 转子的动平衡计算

某微型涡喷发动机转子结构及支撑方式可以简化为如图 2-13 所示的形式：

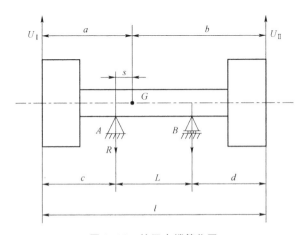

图 2-13 转子支撑简化图

动平衡不同于静平衡的单面校正，只检验校正面上的剩余不平衡量是否小于按平衡精度等级 G 规定的许可剩余不平衡量即可。它多采取双面校正，因此存在将许可剩余不平衡量分配到两个校正面去的问题。大多数情况下，只能规定左右校正面上许可剩余不平衡量的大小，而不能规定其相位的范围。工程中常按质量分布情况，或轴承许用动载荷，或轴承处许可振动的大小等条件来分配，也可根据具体情况及试验结果决定合理的分配值。

按质量分配，即假定 U 总是作用在回转体的质心 C 点上，由回转体的几何尺寸可计算出 U_I 及 U_{II} 来，并按两种极端条件，即 U_I 与 U_{II} 同向或 U_I 与 U_{II} 反向，计算出对应的轴承动载荷 R_A 与 R_B 来。所谓按轴承许用动载荷，即假设轴承类型相同，能承受的动载荷相同，即 $R_A = R_B$ 或 $R_A = -R_B$，在此条件下，U 总是作用在两支撑的中点 $L/2$ 上。若中点 $L/2$ 不在两校正面之间，显然是不可能实现 $R_A = R_B$ 或 $R_A = -R_B$ 的，此时应考虑其他分配方案。按 $R_A = R_B$ 或 $R_A = -R_B$ 将得出两套 U_I 及 U_{II} 的分配方案，只能取较小值才能满足各种可能出现的情况。工程中，U_I 及 U_{II} 正好同向或反向的概率是较小的，全取较小值为分配标准，可能要求过高，也不合理。因此，可采取加权系数的方法，根据实际静不平衡、动不平衡发生的概率，决定加权系数 α_1 和 α_2。这样，万一最不利的情况发生，轴承动载荷不至于超出允许值太多，另外，也避免了对平衡精度过高的要求。

平衡一般在垂直于旋转轴线、被称为校正面的平面上进行，刚性回转体的动平衡一般需要选择两个校正面。校正面的位置，一般由回转体的结构决定。令 $U_I = U_{II}$ 也可简化有关的计算。以下用三种分配方法来求 U_I 及 U_{II}，并计算 R_A 及 R_B。

在确定精度等级 G 时，不仅要考虑技术上的先进性，而且还应注意其经济上的合理性，不一定非要追求高的精度等级。根据典型刚体回转体的平衡精度等级表，可以查出对于微型涡喷发动机转子系统应选用的平衡精度等级为G6.3，按工作转速为慢车 30 000 r/min，可以查动平衡品级对应的允许剩余不平衡度表得到该转速下的允许不平衡度，也可以根据公式算出允许的最大质量偏心距为 $e \approx 2$ μm，则许用不平衡量为 $U = 3.86$ g·mm，根据转子的几何参数，图 2–13 中的 L、l、c、a、b、d、s 等值都是已知的，所以可以得到：

（1）按质量分布来分配：

$$U_I = Ub/l = 1.86 \text{ g·mm}$$

$$U_{II} = Ua/l = 2.00 \text{ g·mm}$$

极端情况下，当 U_I 与 U_{II} 同方向时

$$R_A = \omega^2 U(L-s)/L = 18.88 \text{ N}$$

$$R_B = \omega^2 Us/L = 19.18 \text{ N}$$

当 U_I 与 U_{II} 反方向时

$$R_A = \omega^2 U(bL + bc + ad)/(Ll) = 42.89 \text{ N}$$

$$R_B = -\omega^2 U(bc + ad + aL)/(Ll) = -44.27 \text{ N}$$

由此可知，轴承 B 处动载荷较大。

（2）按轴承动载荷进行分配：

$$R_A = R_B = \omega^2 U/2 = 19.03 \text{ N}$$

$$U_I = U(L + 2d)/(2l) = 1.87 \text{ g·mm}$$

$$U_{II} = U(L + 2c)/(2l) = 1.99 \text{ g·mm}$$

若 U_I 与 U_{II} 反方向使得 $R_A = -R_B = \omega^2 U/2 = 19.03$ N，则 $U_I = -U_{II} = UL/(2l) = 0.84$ g·mm。

由此可知，应按 $U_I = 1.87$ g·mm，$U_{II} = 1.99$ g·mm 分配，保证轴承动载荷

无论在什么情况下,均不超过 19.03 N,但此时对 U_I 要求较严。

(3)采用加权系数法:令 $\alpha_1 = 0.5$,$\alpha_2 = 0.25$,则

$$U_I = U(\alpha_1 + \alpha_2 L/l)/2 = 1.18 \text{ g} \cdot \text{mm}$$

此时当 U_I 与 U_{II} 同方向时

$$R_A = \omega^2 U_I (L+c-d)/L = 12.51 \text{ N}$$
$$R_B = \omega^2 U_I (L-c+d)/L = 10.75 \text{ N}$$

当 U_I 与 U_{II} 反方向时

$$R_A = \omega^2 U_I l/L = 26.68 \text{ N}$$
$$R_B = -R_A = -26.68 \text{ N}$$

由此可知,此时轴承 B 处动载荷情况较好。若结果仍不满意,或改选承载能力较高的轴承,或改选较高的平衡精度等级 G,也即选取较小的许可剩余不平衡量 U。

2.6.4 动平衡量测量

试验采用的动平衡试验机的简图如图 2-14 所示。待平衡的试件 1 安放在框形摆架的支撑滚轮上,摆架的左端与工字形板簧 3 固结,右端呈悬臂。电动机 4 通过皮带带动试件旋转,当试件有不平衡质量存在时,则产生的离心惯性力将使摆架绕工字形板簧做上下周期性的微幅振动,通过百分表 5 可观察振幅的大小。

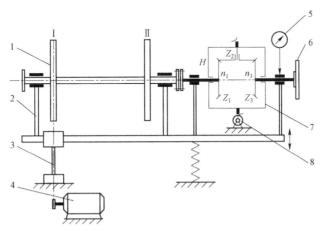

图 2-14 CS-DP-10 型动平衡试验机简图
1—转子试件;2—摆架;3—工字形板簧;4—电动机;
5—百分表;6—补偿盘;7—差速器;8—蜗杆

试件的不平衡质量的大小和相位可通过安装在摆架右端的测量系统获得。这个测量系统由补偿盘6和差速器7组成。差速器的左端为转动输入端（n_1），通过柔性联轴器与试件连接；右端为输出端（n_3），与补偿盘连接。

差速器由齿数和模数相同的三个圆锥齿轮和一个蜗轮（转臂 H）组成。当转臂蜗轮不转动时：$n_3=-n_1$，即补偿盘的转速 n_3 与试件的转速 n_1 大小相等转向相反；当通过手柄摇动蜗杆8从而带动蜗轮以 n_H 转动时，可得出：$n_3=2n_H-n_1$，即 $n_3\neq-n_1$，所以摇动蜗杆可改变补偿盘与试件之间的相对角位移。

图 2-15 所示为动平衡机工作原理图，试件转动后不平衡质量产生的离心惯性力 $F=\omega^2 mr$，它可分解为垂直分力 F_y 和水平分力 F_x，由于平衡机的工字形板簧在水平方向（绕 y 轴）的抗弯刚度很大，所以水平分力 F_x 对摆架的振动影响很小，可忽略不计。而在垂直方向（绕 x 轴）的抗弯刚度小，因此在垂直分力产生的力矩 $M=F_y \cdot l=\omega^2 mrl\sin\phi$ 的作用下，摆架产生周期性上下振动。

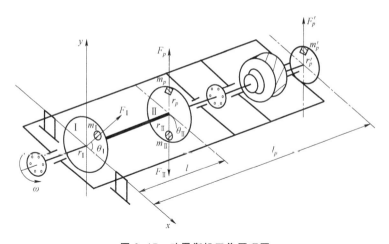

图 2-15 动平衡机工作原理图

由动平衡原理可知，任一转子上诸多不平衡质量，都可以用分别处于两个任选平面Ⅰ、Ⅱ内，回转半径分别为 $r_Ⅰ$、$r_Ⅱ$，相位角分别为 $\theta_Ⅰ$、$\theta_Ⅱ$ 的两个不平衡质量来等效。只要这两个不平衡质量得到平衡，则该转子即达到动平衡。找出这两个不平衡质量并相应地加上平衡质量（或减去不平衡质量）就是本试验要解决的问题。

设试件在圆盘Ⅰ、Ⅱ各等效着一个不平衡质量 $m_Ⅰ$ 和 $m_Ⅱ$，对 x 轴产生的惯性力矩为：

$$M_Ⅰ=0; \quad M_Ⅱ=\omega^2 m_Ⅱ r_Ⅱ l\sin(\theta_Ⅱ+\omega t)$$

摆架振幅 y 大小与力矩 M_{II} 的最大值成正比：$y \propto \omega^2 m_{II} r_{II} l$；而不平衡质量 m_I 产生的惯性力以及皮带对转子的作用力均通过 x 轴，所以不影响摆架的振动，因此可以分别平衡圆盘 II 和圆盘 I 。

本试验的基本方法是：首先，用补偿盘作为平衡平面，通过加平衡质量和利用差速器改变补偿盘与试件转子的相对角度，来平衡圆盘 II 上的离心惯性力，从而实现摆架的平衡；然后，将补偿盘上的平衡质量转移到圆盘 II 上，再实现转子的平衡。具体操作如下：

在补偿盘上带刻度的沟槽端部加一适当的质量，在试件旋转的状态下摇动蜗杆手柄使蜗轮转动（正转或反转），从而改变补偿盘与试件转子的相对角度，观察百分表振动使其达到最小，停止转动手柄。停机后在沟槽内再加一些平衡质量，再开机左右转动手柄，如振幅已很小，可认为摆架已达到平衡。亦可将最后加在沟槽内的平衡质量的位置沿半径方向作一定调整，来减小振幅。将最后调整到最小振幅的手柄位置保持不动，停机后用手转动试件使补偿盘上的平衡质量转到最高位置。由惯性力矩平衡条件可知，圆盘 II 上的不平衡质量 m_{II} 必在圆盘 II 的最低位置。再将补偿盘上的平衡质量 m_p' 按力矩等效的原则转换为位于圆盘 II 上最高位置的平衡质量 m_p，即可实现试件转子的平衡。根据等效条件有：

$$m_p r_p l = m_p' r_p' l_p$$

$$m_p = m_p' \frac{r_p' l_p}{r_p l} \tag{2-36}$$

式中各半径和长度含义见图 2-15，其中 r_p=70 mm，l=210 mm，l_p=550 mm。而 r_p' 由补偿盘沟槽上的刻度读出。补偿盘上若有多个平衡质量，且装加半径不同，可将每一平衡质量分别等效后求和。

在平衡了圆盘 II 后，将试件转子从平衡机上取下，重新安装成以圆盘 II 为驱动轮，再按上述方法求出圆盘 I 上的平衡质量，整个平衡工作才算完成。

平衡后的理想情况是不再振动，但实际上总会残留较小的不平衡质量 m'。通过对平衡后转子的残留振动振幅 y' 测量，可近似计算残余不平衡质量 m'。残余不平衡质量的大小在一定程度上反映了平衡精度。残余不平衡质量可由下式求出：

$$m' \approx \frac{y'}{y} \times 平衡质量 \tag{2-37}$$

第 3 章

动力装置性能测量

发动机综合性能试验主要用于精确测量发动机的能量特性，用于考核发动机结构性能以及推压力特性。这类试验的特点是对试车架的动、静态性能要求较高，试验时测量参数多、操作复杂。其中，发动机产生推力以及发动机各特征截面的压力随着时间的变化规律对于分析发动机工作性能，考虑其工作过程有着极为重要的意义，是发动机综合性能试验的主要对象。国内外对发动机的推压力测量方法进行了一系列研究工作。其中，刘智刚[1]设计了一种摆架式测力装置，其运动部件为整体框架并取消了滑轨机构，简化了结构，如图3-1所示。通过台架试车试验测量了发动机推力、转速等工作性能参数以及发动机尾喷管进口总温、总压等热力状态参数，验证了该装置推力测量方法合理。

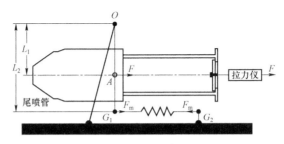

图 3-1 推力测量和标定原理

（O 为铰链；A 为发动机轴线；G_1 为测力传感器自由端；G_2 为测力传感器固定端；F 为发动机推力或标定拉力；F_m 为推力测量值；L_1 为发动机轴线至铰链的距离；L_2 为竖直框架的自由端至铰链的距离）

赵涌等人[2]所采用的高空台推力测量系统由动架、推力预载、推力现场校准、推力测量、附加阻力测量等多个子系统组成，如图3-2所示。通过对动态推力测量方法分析以补偿振动和动架惯性的影响，提高了动态测量精度。采用自动优选算法，结合了动态推力测量方法和稳态推力测量方法的优点，在航空发动机过渡态时输出动态推力测量结果，在发动机稳态时输出稳态推力滤波结果，实现了高空台推力的快速度、高精度测量，该测量方法经过了仿真试验检验、模拟试验检验、发动机试验检验，取得了良好的使用评价。

徐正红等人[3]采用加强台架刚度以改善台架静动态特性，精确设计的位置细微调整装置、六分力传感器与动架刚性连接方式，保证火箭发动机机体与测量传感器之间位置的精确控制。通过增加动架的轴向刚度并减小横向刚度以提高动架的固有频率，并减少发动机启动时的振动对测量准确度的影响。通过上述措施实现了小推力火箭发动机试车台（图3-3）推力的准确测量。轴向推力测量：定架设计成刚性很强的结构，动架通过螺栓与定架相连接，在定架与动架之间装有测力传感器，实现动架与定架唯一的刚性连接。在实际试验过程中通过微调装置细微调节发动机机身的位置，保证测力传感器与火箭发动机机体

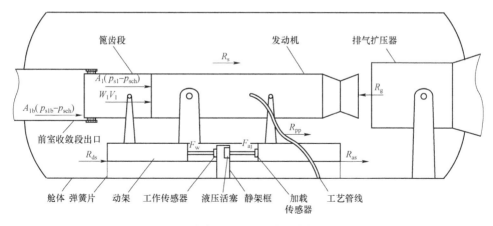

图 3-2　高空舱内推力测量系统简化结构

轴线的同轴度。推力偏心测量：采用六分力法实现推力偏心的测量，试车台六分力测量模型如图 3-4 所示。模拟火箭发动机产生的推力偏载具体方法是：将主推力加载油缸前端的加载部分位置固定，通过调节油缸尾部位置，使主推力与模拟弹体轴线产生偏角，实现在不同象限、不同位置角度偏转。在满足测试时台架结构稳定的前提下，采取增加动架的轴向刚度和减小横向刚度设计，提高动架的固有频率，消除发动机启动时动架的振动影响。

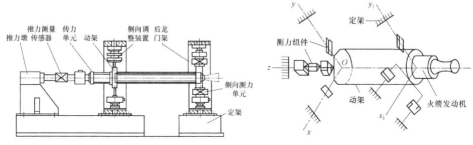

图 3-3　试车台结构图　　　图 3-4　六分力测量模型图

寇鑫等人[4]针对 4～25 N 推力小发动机设计了基于单分力天平的校准测量一体化装置，对单分力天平和传统测量推力的方式进行了力学仿真分析比较。采用该推力测量校准系统，在不同环境温度条件下对单分力天平进行推力校准测试，验证了单分力天平在姿控发动机小推力测量中应用的可行性。经过现场调试，在 22～82 ℃范围内，小推力测量装置扩展不确定度优于 1%，测量系统指标满足设计要求，解决了 4～25 N 量级小推力精确测量的难题。测量与校准装置设计与调试：针对单分力天平测力方案，设计推力测量校准一体化装置，结构见图 3-5。经对各环节分析计算,最终得测量装置的不确定度为 0.2%,扩展不确定度为 0.5%。

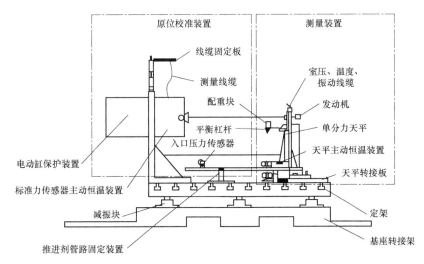

图 3-5 稳态推力测量校准一体化装置结构示意图

朱舒扬[5]研制了用于全尺寸超燃冲压发动机推力测量的三分量推力台架,该推力台架用于在自由射流试验中测量发动机轴向推力、升力及俯仰力矩。通过 5 个测量传感器组成的测量系统获得测量矩阵,通过三分量推力校验得出推力、升力、俯仰力矩与测量矩阵之间的关系。动架锁紧机构采用液压插拔销结构,实现动架的锁紧和解锁,在承受冲击过程中保护推力架。并通过自由射流试验验证了推力台架的测力性能,该推力架的结构形式有效解决了全尺寸发动机推力中心偏离测量传感器较远、给天平测力元件造成较大干扰的问题,为今后设计同类推力架提供了有效参考。推力架结构方案设计:推力架由定架、动架、弹性连杆、动架锁紧机构、推力校验系统组成,如图 3-6 所示。台架主体采用钢框架结构,以型钢构建骨架,在较短的试验时间内能有效测量发动机各阶段的受力。推力架采用独立的测力基础,减少外部系统的振动对发动机测力系统的干扰。定架与测力基础通过螺栓固连。动架通过 5 组弹性连杆与定架连接,弹性连杆由力传感器和一对弹性铰链组成。由于轴向力传感器距离发动机推力轴线较远,不可避免的轴向推力会产生较大的附加俯仰力矩,对法向升力测量的干扰较大,这部分干扰通过推力架校验修正。为了保证传感器和挠性件在加热器启动和停车时的冲击载荷下不被破坏,使用液压锁紧机构液压插销的插拔实现动架的锁紧和解锁。该冲压发动机推力架的研制是成功的,实现了长 5 m、重 2 000 kg 全尺寸发动机推力参数的测量,各分量输出稳定,动态随动性好,轴向推力和升力曲线真实反映了发动机各阶段的受力状况,并获得推力增益。测量准确性较好,满足试验要求,为发动机研制提供了可靠的推力参数。该推力架的结构形式有效解决了全尺寸发动机推力中心偏离测量传感器较远、给天平测力元件造成较大干扰的问题,为今后设计同类推力架提供了有效参考。

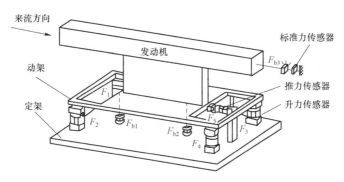

图 3-6 推力架示意图

耿卫国等人[6]研制了一套基于压电测力平台的动态推力与推力矢量测试系统,实现了连续脉冲力及多方向力的测量,为动态推力及推力矢量测试提供了手段。机械系统设计:箱式结构,保证了台架的刚度和稳定性,将测力传感器放置在支架箱体的主测量面上,如图 3-7 所示。在其周围设计了用于静态标定的加载装置和动态标定激振用的装置。本方案的核心部分工作传感器采用由四只三向力压电传感器组合而成的测力平台。通过以某姿轨控发动机为重点研究

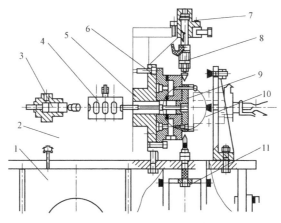

图 3-7 机械系统技术方案

1—底座支架;2—支架箱体;3—主推力标定加载油缸;4,8—高精度 S 型标准拉压传感器;
5—定位法兰;6—压电式测力平台;7—侧向力静态标定油缸;9—测量法兰;
10—被测发动机;11—侧向动态标定激振装置

对象，开展了动态推力及推力矢量测试系统的研制，该系统经理论分析与地面试验验证其频响大于 1 kHz，推力矢量各参数相对误差为 $\Delta F_X/F_X$=0.28%，$\Delta F_{YZ}/F_{YZ}$=2.2%，$\Delta\alpha/\alpha$=3.8%，$\Delta\delta/\delta$=7.4%，满足总体对发动机推力性能指标的相关技术要求。

推力和压力试验是火箭发动机最基本的也是最重要的试验。它是通过点燃在试验台上的发动机来测定发动机燃烧室内燃气的最大推力和最大压力、推力和压力随时间变化的规律，这对研究发动机的内弹道性能、推进剂的燃烧状况和火箭外弹道飞行特性都是必不可少的。压力随时间变化的规律直接体现了推进剂的燃烧规律，即燃烧的稳定性、燃烧速度和燃烧面的变化规律；同时压力随时间的变化规律还决定了推力、推力冲量、加速度随时间的变化规律，这就直接影响火箭弹的弹道飞行性能。另外，推进剂燃烧产生的最大压力和燃烧时间又影响发动机燃烧室壁材料的机械强度，若最大压力较高，为了提高发动机的重量比冲量，则要求发动机壳体材料的机械强度高，能够承受高温高压燃气的作用。因此无论是对发动机进行理论研究、产品设计还是产品抽检，都必须要进行发动机推力压力性能试验，在试验的基础上反复修改设计，以提高火箭发动机工作的可靠性和稳定性。

3.1 性能参数测量设备选用

如何根据测试目的和对象合理地选用传感器，是试验设计中首先要解决的问题。当选定传感器之后，测试方法和配套设备也就容易确定了。

3.1.1 根据测试目的确定传感器的类型

为完成具体的测试任务，首先需考虑传感器的选用。传感器的选择受传感器量程、频响、尺寸结构、安装方式、数据信号传递方式以及传感器来源的影响。近年来，随着我国智能弹药技术的不断发展，选用稳定可靠的国产传感器供应商的必要性日益凸显。

3.1.2 线性范围

传感器线性范围是指输出与输入成正比的范围，灵敏度保持恒定，测量误差较小，线性范围越宽则其工作范围越大。选择传感器时，当传感器的种类确定之后，首先要看传感器的测量范围能否满足要求。

实际上，任何传感器都不能保证绝对的线性，其线性度也是相对的。当要求的精度比较低时，在许可的范围内，非线性误差较小的传感器可以近似地看作是线性的，这就给测量带来很大的方便。例如，变间隙型电容式、电感式传感器，在较小的范围内认为变化是线性的，在测量中可以灵活地掌握。

3.1.3 灵敏度的选择

一般而言，在确定传感器的量程范围时，选择灵敏度较高的传感器有利于试验测量。但过高灵敏度的传感器的测量结果容易受外界干扰的影响并降低测量的精度。因此，除了选择较高灵敏度的传感器，还要求传感器具有较高的信噪比，以期尽量减少外界干扰信号的影响。

传感器的量程范围与灵敏度密切相关，当灵敏度在此范围并不完全一致时，其变化应在测试精度范围。试验时，传感器不能超过其额定量程。传感器的灵敏度存在方向性，当被测量是单向量，而且对其方向性要求较高时，就应选择横向灵敏度小的传感器。对于二维或三维物理量，则要求传感器的交叉灵敏度越低越好。

3.1.4 频率响应特性

频率响应特性要求在被测信号的频率范围内幅频响应平直，相频响应呈线性。对周期性振动信号，由于带宽有限，传感器的高频响应应能满足被测信号的带宽要求，且满足一定的动态误差要求；对于瞬态信号除高频响应外，还应注意传感器与测试系统的低频截止频率，因为瞬态信号的主要能量集中在低频端，低频截止频率应尽可能低。

一般而言，利用光电效应、压电效应的物理型传感器，响应时间短、频率范围宽。电感、电容、电磁感应型等结构型传感器中的机械系统惯性较大、固有频率较低，可测信号频率也较低。

3.1.5 稳定性

传感器性能不发生变化的性质称为稳定性，影响稳定性的因素包括时间与环境。其中，当传感器稳定性受时间的影响时，可通过标准传感器校核或专业计量机构加以检定或校核确定传感器能否用于科学试验。

传感器的稳定性主要受环境因素的影响。为保证传感器性能的稳定性，应充分了解其使用环境并选择恰当的传感器。例如，测量燃烧室内的压力应选择耐高温的压力传感器。当温度变化较大时选用应变式传感器，但需要考虑温度补偿问题。对于变间隙或变面积的电容式传感器，应防止异物进入间隙。对磁电式传感器和霍尔元件，应考虑电场或磁场对测量精度的影响。

传感器的稳定性有定量指标，超过使用期应及时进行校准。其中，压电式传感器应每年校准一次。应变式压力传感器应在使用前校核。

3.1.6 精度

传感器的精度是保证整个系统测量精度的第一个重要环节，它处于测量系统的输入端，对整个测量系统的精度有较大影响。传感器的精度越高，价格越昂贵。应当在满足测量需求的情况下选择比较经济和便于使用的。

如果测试是作为定性分析用，属于相对比较的类型，选用重复精度高的传感器即可，不宜选用绝对量值精度高的。如果为了定量分析，必须获得准确的测量值，就需选用精度等级能满足要求的。例如，用高精度推力试验台测推进剂比冲时，就得选用具有高精度的传感器。

3.2 传感器的标定

因为传感器是将其他被测量的信息按一定规律变换成为电信号或其他所需形式的信息输出，所以结果的一致性非常重要，只有经过标定，保证了输出结果一致性没问题的传感器才是合格的传感器。使用一段时间后或经过修理的，也必须对主要技术指标进行校准试验，以便确保传感器的各项性能指标达到要求。传感器标定就是利用精度高一级的标准器具对传感器进行定度的过程，从而确立传感器输出量和输入量之间的对应关系。同时也确定不同使用条件下的误差关系。工程测量中传感器的标定，应在与其使用条件相似的环境下进行。为获得高的标定精度，应将传感器及其配用的电缆（尤其像电容式、压电式传感器等）、放大器等测试系统一起标定。传感器是感受规定的被测量的各种量并按一定规律将其转换为有用信号的器件或装置。对于传感器来说，按照输入的状态，输入可以分成静态量和动态量。我们可以根据在各个值的稳定状态下输出量和输入量的关系得到传感器的静态特性。传感器的静态特性的主要指标有线性度、迟滞、重复性、灵敏度和准确度等。传感器的动态特性则指的是对输入量随着时间变化的响应特性。动态特性通常采用传递函数等自动控制的模型来描述。通常，传感器接收到的信号都有微弱的低频信号，外界的干扰有的时候其幅度能够超过被测量的信号，因此只有标定后的传感器才可以确认它所输出的信号是否正常。比如，对一个 0～1 MPa 输出为 4～20 mA 的压力传感器进行标定。输入 0 Pa、200 kPa、400 kPa、600 kPa、1 MPa，分别测量相应的输出电流值，然后计算输出的电流值与理论上的 4～20 mA 的偏差是否在范围之内。超出范围，则传感器不能继续使用，需要校准或更换。若在范围之内，可以继续使用。

为了测量某一物理量，需要使用测量仪器或由若干仪器组成的测试系统。测试系统的作用就是将被测量（输入量）按一定的确定关系转换为便于人们接收的信号（输出量）。为了确定测试系统输出量与输入量之间的函数关系，在使测试系统处于与测量时相同的条件下，以一个或一系列标准量作为系统的输入量，并将输出量与输入量进行比较，从而得到该测试系统（或仪器）输出量与输入量之间的函数关系，这个工作称为标定。

如前所述，必须使标定过程与试验过程具有完全相同的条件，标定才是正确的。实际上完全做到这一点是有困难的，在一般情况下，要求所使用的仪器设备状态、环境条件、操作人员等条件相同是容易实现的，微小的偶然性变化，可作为偶然误差来处理。但是，对应用于测量变化迅速的动态量的测量系统进行标定时，要做到标定量与被测量具有相同的动态特性是较困难的，这将使标定设备大为复杂，而且会给标定工作带来许多麻烦。如果测试仪器的频响范围能满足被测信号频带要求，同时测试仪器频响范围的下限又能满足静态标定的要求（下限等于或接近零），一般可认为该动态测试系统的静态标定是有效的。因此通常是采用静态方法进行标定。在特殊情况下，如对于压电式测试系统，一般要进行动态标定。

对传感器加载进行标定时，可在传感器的测量范围内适当选取几个加载点，这需考虑到传感器及其他测试环节的非线性和滞后性，当非线性误差和滞后误差比较大时，标定点数可取多些，误差小则可少取几个标定点，标定点数太多，数据处理工作量大，标定点数太少，不足以反映测试系统的特性，将带来测量结果的误差。一般情况下选取五个标定点或稍多些即可。

标定数据的处理一般采用拟合直线法。

设输入 x 和输出 y 两变量之间关系为 $y = f(x)$，并有一系列测量数据为

$$x_1, x_2, x_3, \cdots, x_n$$
$$y_1, y_2, y_3, \cdots, y_n$$

若上列测量数据相互间基本上是线性关系,则可用一个线性方程来表示,即

$$y = a_0 + a_1 x \quad (3-1)$$

式(3-1)直线方程就称为上述测量数据直线拟合方程,实际上就是根据一系列测量数据通过数学处理确定相应的直线方程,更确切地说是要求得直线方程中的两个常量 a_0 和 a_1。拟合方法通常有以下几种。

3.2.1 端值法

将上述测量数据中的两个端点值,即起点和终点测量值(x_1, y_1)和(x_n, y_n)代入式(3-1)求常数 a_0 和 a_1,也就是用两个端点连成的直线来代表所有测量数据,代入后得

$$y_1 = a_0 + a_1 x_1$$
$$y_n = a_0 + a_1 x_n$$

解以上联立方程得

$$a_1 = \frac{y_n - y_1}{x_n - x_1} \quad (3-2)$$

$$a_0 = y_n - a_1 x_n \quad (3-3)$$

将所求得的 a_0 和 a_1 代入式(3-1),即得用端值法拟合的线性方程。

3.2.2 平均法

将全部测量数据分别代入

$$y_1 = a_0 + a_1 x_1$$
$$y_2 = a_0 + a_1 x_2$$
$$\vdots$$
$$y_n = a_0 + a_1 x_n$$

然后将上面 n 个方程分成两组,前半组 k_1 个和后半组 k_2 个 [n 为偶数时,$k_1 = k_2 = n/2$;n 为奇数时,$k_1 = (n+1)/2$,$k_2 = (n-1)/2$],分别相加后得

$$\begin{cases} \sum_{i=1}^{k_1} y_i = k_1 a_0 + a_1 \sum_{i=1}^{k_1} x_i \\ \sum_{i=k_1+1}^{n} y_i = k_2 a_0 + a_1 \sum_{i=k_1+1}^{n} x_i \end{cases}$$

变换形式后得

令

$$\begin{cases} \dfrac{\sum_{i=1}^{k_1} y_i}{k_1} = a_0 + a_1 \dfrac{\sum_{i=1}^{k_1} x_i}{k_1} \\ \dfrac{\sum_{i=k_1+1}^{n} y_i}{k_2} = a_0 + a_1 \dfrac{\sum_{i=k_1+1}^{n} x_i}{k_2} \end{cases}$$

$$\begin{cases} \overline{y}_{k1} = \dfrac{\sum_{i=1}^{k_1} y_i}{k_1}, \quad \overline{x}_{k1} = \dfrac{\sum_{i=1}^{k_1} x_i}{k_1} \\ \overline{y}_{k2} = \dfrac{\sum_{i=k_1+1}^{n} y_i}{k_2}, \quad \overline{x}_{k2} = \dfrac{\sum_{i=k_1+1}^{n} x_i}{k_2} \end{cases}$$

则

$$\begin{cases} \overline{y}_{k1} = a_0 + a_1 \overline{x}_{k1} \\ \overline{y}_{k2} = a_0 + a_1 \overline{x}_{k2} \end{cases} \quad (3-4)$$

对式（3-4）联立求解得

$$a_1 = \dfrac{\overline{y}_{k2} - \overline{y}_{k1}}{\overline{x}_{k2} - \overline{x}_{k1}} \quad (3-5)$$

$$a_0 = \overline{y}_{k1} - a_1 \overline{x}_{k1} \quad (3-6)$$

将式（3-5）和式（3-6）代入式（3-1）即得用平均法拟合的线性方程。

从以上计算可以看出，平均法就是将全部测量数据分成前后两组，分别计算各组的平均值，所得（$\overline{y}_{k1}$，$\overline{x}_{k1}$）和（$\overline{y}_{k2}$，$\overline{x}_{k2}$）称为各组测量点的"点系中心"，这两个点系中心连成的直线方程，即为用平均法拟合的线性方程。

3.2.3 最小二乘法

最小二乘法在误差理论中的基本含义是：在具有等精度的多次测量中，求最可靠（最可信赖）值时，是当各测量的残差平方和为最小时所求得的值。

根据上述原理，对测量数据用最小二乘法线性拟合时，是把所有测量数据点都标在坐标图上，用最小二乘法拟合的直线，其各数据点与拟合直线之间的残差平方和为最小。用数学表达式可写为

$$u = \sum_{i=1}^{n} v_i^2 = \min \quad (3-7)$$

对线性方程 $y = a_0 + a_1 x$，按式（3-7）残差平方和为最小，根据所有测量数

据可得

$$u = \sum [y_i - (a_0 + a_1 x_i)]^2 = \min \qquad (3-8)$$

将上式分别对 a_0 和 a_1 取偏导数得

$$\frac{\partial u}{\partial a_0} = -2(y_1 - a_0 - a_1 x_1) - 2(y_2 - a_0 - a_1 x_2) - \cdots - 2(y_n - a_0 - a_1 x_n)$$

$$\frac{\partial u}{\partial a_1} = -2x_1(y_1 - a_0 - a_1 x_1) - 2x_2(y_2 - a_0 - a_1 x_2) - \cdots - 2x_n(y_n - a_0 - a_1 x_n)$$

为了满足式（3-8），其必要条件是

$$\frac{\partial u}{\partial a_0} = 0 \quad \frac{\partial u}{\partial a_1} = 0$$

则有

$$(y_1 - a_0 - a_1 x_1) + (y_2 - a_0 - a_1 x_2) + \cdots + (y_n - a_0 - a_1 x_n) = 0$$

$$x_1(y_1 - a_0 - a_1 x_1) + x_2(y_2 - a_0 - a_1 x_2) + \cdots + x_n(y_n - a_0 - a_1 x_n) = 0$$

整理后得

$$\left. \begin{array}{l} na_0 + (\sum x_i)a_1 = \sum y_i \\ (\sum x_i)a_0 + (\sum x_i^2)a_1 = \sum x_i y_i \end{array} \right\} \qquad (3-9)$$

式（3-9）称为正规方程组，联立求解得

$$a_0 = \frac{\sum y_i \sum x_i^2 - \sum x_i \sum x_i y_i}{n \sum x_i^2 - (\sum x_i)^2} \qquad (3-10)$$

$$a_1 = \frac{n \sum x_i y_i - \sum x_i \sum y_i}{n \sum x_i^2 - (\sum x_i)^2} \qquad (3-11)$$

将式（3-10）和式（3-11）代入式（3-1），即得用最小二乘法拟合的线性方程。

对以上三种方法所拟合的线性方程与测量数据之间的偏差，可用拟合方程的精密度即拟合方程的标准偏差来衡量，根据贝塞尔公式，其标准偏差为

$$\sigma = \sqrt{\frac{\sum v_i^2}{n - m}} \qquad (3-12)$$

式中，m 是拟合方程未知量的个数，对直线方程 $m=2$。

3.3 压力传感器

压力传感器是压力测试系统的核心环节,它是将压力信号转换成电信号的器件。根据转换形式的不同,压力传感器可分为应变式、压电式、压阻式等多种。在兵器产品性能的压力测试方面,较多涉及的是动态压力测试,如火箭发动机工作压力变化规律、火炮膛内压力变化规律、炸药爆炸场的压力变化规律等的测试。在确定测试的具体实施方案时,测压系统的合理选择是一个复杂的问题,其中传感器的选择尤为重要。现介绍几种常用的压力测试传感器。

3.3.1 电阻应变式压力传感器

电阻应变式压力传感器由弹性元件、电阻应变片及各种辅助器件等组成。其工作原理在相关书籍中已有详述,这里着重介绍应变式压力传感器的结构及有关问题。根据弹性元件结构的差异,常用的应变式压力传感器有以下几种。

1. 应变管式压力传感器

最简单的应变管式压力传感器是如图 3-8 所示的圆管形压力传感器。其应变管是一个半封闭的薄壁圆管,应变片按图 3-8 所示位置粘贴。当没有压力作用时,四片应变片组成的电桥是平衡的,当压力作用其内腔时,应变管膨胀,工作应变片电阻发生变化,使得电桥失去平衡,产生与压力变化相对应的电压输出。应变管式压力传感器的最大优点是结构简单,制造方便。

应变管的结构参数,可以按下列程序进行选定:

(1) 根据待测压力范围及准备采用的应变管材料,进行应变管的强度设计计算,以确定管的壁厚 h(mm)。

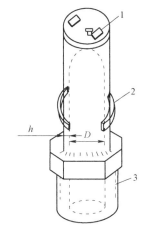

图 3-8 圆管形压力传感器
1—补偿应变片;2—工作应变片;
3—连接螺纹

确定应变管的材料:通常应采用强度高、弹性好、金属组织结构均匀及弹性后效小、加工性能良好的材料,常用的有 40Cr、30CrMnSi 优质钢、40CrNiMo 优质钢等。根据生产和使用的特殊要求,有时亦采用 45 号钢及铝合金等材料。

计算确定应变管的壁厚：在一般情况下，壁厚 h 的计算为

$$h = \frac{np_m D}{\sigma_1} \text{（mm）} \tag{3-13}$$

式中　p_m——最大待测压力值；

　　　σ_1——所选材料的弹性极限，σ_1 常取材料屈服极限 σ_T 的 0.8 倍；

　　　D——应变管的内径；

　　　n——安全系数，一般取 2~2.5。

在实际设计中，有时由于所选取的材料不合适，致使计算出的壁厚太薄或太厚，这样的设计是不合理的，必须重新设计，直到得出既满足设计要求，又满足生产工艺要求且结构合理的壁厚为止。

（2）确定应变管的工作段长度。为保证传感器有良好的工作特性，应变片须贴在应变管的应力均匀分布段。据此，应变管的有效工作段长度 L_u，通常用的近似计算式为

$$L_u = 2.5\sqrt{Dh/2} + (1.2 \sim 1.5)L_{sg} \tag{3-14}$$

式中　L_{sg}——贴应变片所需长度。

一般认为，适宜的应变管工作段长度可取在（5~10）D 的范围内。

（3）应变管的受力变形计算。当管内承受工作压力时，圆管表面的周向应力为最大，相应的周向应变 ε 为

$$\varepsilon = \frac{pR}{Eh}\left(1 - \frac{\mu}{2}\right) \tag{3-15}$$

式中　E——应变管材料的弹性模量；

　　　μ——应变管材料的泊松比；

　　　R——应变管的内圆半径。

必须指出，所设计的应变管在最大工作压力时的应力，应当远小于材料的弹性极限，同时还必须使它能产生足够的应变量，使传感器具有一定的灵敏度。圆管表面的最大应变 ε_{max} 值一般选在 500~2 000 $\mu\varepsilon$ 的范围内，此值的选取是与目前所采用的动态应变测试系统相匹配的。

（4）应变管的使用频率特性估算。应变管本身的固有频率是比较高的，但反映其真实使用频率特性的是应变管腔内的液柱或气柱。正确合理地使用传感器，通常要求在管内注满一定规格的油，这样做除了可防止热烧蚀之外，还可以提高传感器的使用频率。由于应变管液柱或气柱的高度大大超过横截面积尺寸，显而易见纵向振荡是最低频振荡。所以应变管的使用频率特性计算，一般仅需计算管腔内的液柱或气柱的纵向固有振荡频率即可。应变管式传感器的使

用频率 f，可根据应变管的实际长度 l 及扰动波（声振波）在该介质中的传播速度 c 来考虑。即

$$f = c/(2l) \tag{3-16}$$

因为波在油介质中的传播速度远大于在空气中的传播速度，所以在应变管腔中注油会对应变管的使用频率特性有极显著的改善。另外，在可能的情况下，通过使应变管腔体尺寸减至最小的办法（主要是应变管的长度），也会在改善其频率特性方面收到很好的效果。

2. 平膜片式压力传感器

平膜片式压力传感器结构如图 3-9 所示。该传感器的弹性元件是周边固定的平圆膜片。当膜片在被测压力作用下发生弹性变形时，根据粘贴在上面的应变片所处位置和方向不同而发生相应的应变，从而使应变片阻值发生变化，由四个应变片组成的电桥电路就有相应的电压输出信号。

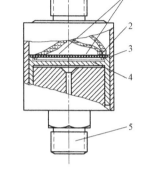

图 3-9 平膜片式压力传感器
1—强度补偿电阻；2—接线板；
3—组合应变片；4—膜片；5—接管嘴

周边固定的平圆膜片，当其一面承受均布压力时，膜片发生弯曲变形，在另一面上（应变片粘贴面）半径方向的应变 ε_r 和切线方向的应变 ε_t 的计算式为

$$\varepsilon_r = \frac{3p(1-\mu^2)}{8Eh^2}(r_0^2 - 3r^2) \tag{3-17}$$

$$\varepsilon_t = \frac{3p(1-\mu^2)}{8Eh^2}(r_0^2 - r^2) \tag{3-18}$$

式中　p——作用于膜片的均布压力；
　　　h——膜片厚度；
　　　r_0——膜片有效半径；
　　　r——膜片任意点半径；
　　　E——膜片材料弹性模量；
　　　μ——膜片材料泊松比。

由式（3-17）和式（3-18）可知当 $r=0$（膜片中心处）时，径向应变 ε_r 和切向应变 ε_t 都达到最大值，即

$$\varepsilon_r = \varepsilon_t = \frac{3pr_0^2}{8Eh^2}(1-\mu^2) \tag{3-19}$$

当 $r = r_0$（膜片边缘处），$\varepsilon_t = 0$，ε_r 达到负的最大值（压缩应变），即

$$\varepsilon_r = -\frac{3pr_0^2}{4Eh^2}(1-\mu^2) \qquad (3-20)$$

当 $r = r_0/\sqrt{3}$ 时，径向应变 $\varepsilon_r = 0$；$r < r_0/\sqrt{3}$ 时，ε_r 为正应变（拉伸应变）；$r > r_0/\sqrt{3}$ 时，ε_r 为负应变（压缩应变）。

根据以上分析，膜片的应变分布曲线如图 3-10 所示。

根据膜片应变分布来考虑应变片所粘贴的位置和方向，使其两个应变片受拉伸应变电阻增加，另两个应变片受压缩应变电阻减小。对这种平圆膜片所用应变片，目前大多制成箔式组合应变片，其形状如图 3-11 所示。结合膜片应变分布曲线图可以看出，位于膜片中心附近的两个电阻 R_1 和 R_3 感受正的切向应变 ε_t（拉伸应变），则应变片丝栅按圆周方向排列，丝栅被拉伸，电阻增大；而位于边缘部分的两个电阻 R_2 和 R_4 感受负的径向应变 ε_r（压缩应变），则应变片丝栅按半径方向排列，丝栅被压缩，电阻减小。应变片这样布局所组成的全桥电路灵敏度较大，并具有温度自补偿作用。

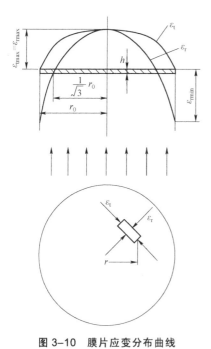

图 3-10 膜片应变分布曲线

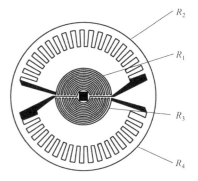

图 3-11 箔式组合应变片

膜片厚度可根据式（3-20）得

$$h = \sqrt{\frac{3pr_0^2}{4E\varepsilon_r}(1-\mu^2)} \quad (3-21)$$

根据膜片所允许的最大应变 ε_r（即应变片所允许的应变）和传感器的额定量程 p，并选定膜片半径 r_0 后就可求得膜片的厚度。

在压力 p 作用下，膜片中心的最大位移量 δ_m 为

$$\delta_m = \frac{3(1-\mu^2)r_0^4}{16Eh^3}p \quad (3-22)$$

当 $\delta_m \leq 0.5h$ 时，传感器呈线性输出。

周边固定圆膜片自振频率的计算式为

$$f_0 = \frac{10.17h}{4\pi r_0^2}\sqrt{\frac{E}{3\rho(1-\mu^2)}} \quad (3-23)$$

式中　ρ——膜片材料密度。

3. 垂链膜片—应变筒式压力传感器

垂链膜片式的典型代表是 BPR-3 型水冷式压力传感器，其结构如图 3-12 所示。传感器主要由垂链形膜片、应变筒、壳体、接线柱和冷却水管等组成。垂链膜片承受压力并把压力传递给应变筒，在应变筒表面沿轴向粘贴工作应变片，沿筒圆周方向粘贴的应变片为温度补偿片，两应变片按相邻半桥方式接入电桥线路中，并通过电缆与放大器相连。

垂链膜片薄而柔软，膜片弯曲应力小，主要承受拉伸应力，因此，与平膜片相比，它可减轻质量。膜片与壳体焊接成整体，然后加工螺纹，如图 3-13 所示。膜片的直径为 D，应变筒的直径为 d，为使膜片应力分布较均匀，一般选取 $d/D = 1/\sqrt{3}$，因此受压膜片的有效面积约为总面积的 2/3。因为膜片受压后把压力传递给应变筒，使筒受轴向载荷作用，该载荷大小取决于作用于膜片的压力和膜片的有效面积。由此可计算应变筒的断面尺寸 A，即

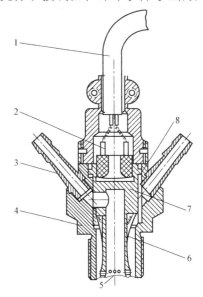

图 3-12　BPR-3 型水冷式压力传感器
1—电缆线；2—接线柱；3—冷却水管；
4—壳体；5—垂链形膜片；6—橡皮管；
7—应变筒；8—调整垫片

$$A = \frac{p_m A_e}{E \varepsilon_m} \quad (3\text{-}24)$$

式中 A_e——膜片有效面积；

p_m——传感器额定压力；

ε_m——应变筒在额定压力下允许的最大应变；

E——应变筒材料的弹性模量。

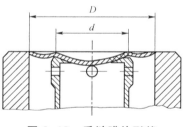

图 3-13 垂链膜片形状

应变筒轴向振动固有频率的计算式为

$$f_n = \frac{1}{2\pi l} \sqrt{\frac{E m_0}{\left(m + \frac{1}{3} m_0\right) \rho}} \quad (3\text{-}25)$$

式中 l——应变筒工作部分长度；

m_0——应变筒工作部分质量；

m——应变筒端部的附加质量；

ρ——应变筒材料的密度；

E——应变筒材料的弹性模量。

由式（3-25）可知，为了提高传感器的固有频率，应尽量减小应变筒长度 l 和附加质量 m，该传感器的固有频率在 30~50 kHz 范围内。由于通水冷却，可防止膜片过热或烧坏，但冷却水增大了附加质量，使固有频率有所降低。

3.3.2 压电式压力传感器

压电式压力传感器主要用于动态或瞬态压力测量，如脉冲发动机工作压力、火箭发动机燃烧室脉动压力、火炮膛压、爆炸冲击波压力测量，其结构有活塞式和膜片式两种。

图 3-14 所示是活塞式压电压力传感器结构。被测压力通过活塞、砧盘将压力传递给压电元件，两片压电元件产生的电荷由中间导电片、引线、插座输出与仪表相连。该结构的活塞面积小，适用于测量 300 MPa 左右的高压。与此结构基本相同，只是增大活塞面积，就可测量 50 MPa 以下的低压。

活塞式结构由于受到活塞质量和刚度及活塞杆前端测压油黏度等影响，自振频率不高，一般在 20~30 kHz。

图 3-15 所示是目前应用比较广泛的一种膜片式压电压力传感器。该传感器结构简单，主要由膜片、壳体、锥形块和晶体组件等组成。传感器量程从低压几十 MPa 到高压 800 MPa。这种传感器体积小、频响宽、精度高、工作可靠、谐振频率高达 250 kHz，是目前高压动态测量中较好的一种传感器。

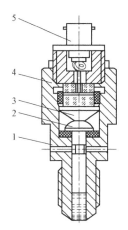

图 3-14 活塞式压电压力传感器
1—本体；2—活塞；3—砧盘；4—压电元件；
5—插座

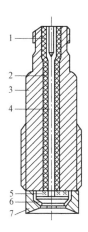

图 3-15 膜片式压电压力传感器
1—引线座；2—绝缘套；3—壳体；4—芯线；
5—晶体组件；6—锥形块；7—膜片

图 3-16 所示是具有温度和加速度补偿的膜片式压电压力传感器。传感器主要由圆形膜片、弹性套、芯体、晶体组件、电极、本体以及温度和加速度补偿块等组成。弹性膜片与本体和弹性套之间采用压边连接，保证密封和承受一定压力，因膜片薄而柔软，受压发生变形时，不会改变实际承压面积。传感器内装有多片晶体，以提高灵敏度，晶体片之间采用真空镀膜（金或银膜）新工艺，以代替旧的导电片而引出电荷，这样既减小了体积，又减小了晶体片之间的间隙，提高了动态特性。

为提高压电传感器的性能，采取了温度补偿和加速度补偿措施。由于晶体的线膨胀系数远小于金属零件的线膨胀系数，当温度变化时，引起预紧力变化，导致传感器零点漂移，严重的还会影响线性和灵敏

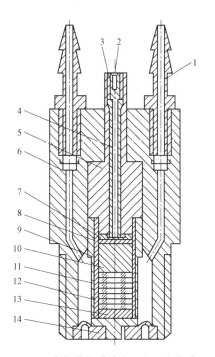

图 3-16 有补偿的膜片式压电压力传感器
1—冷却水管；2—芯杆；3—绝缘管；4—导线；
5—芯体；6—本体；7—加速度补偿晶片；8—电极；
9—弹性套；10—加速度补偿块；11—绝缘套；
12—晶体组件；13—温度补偿块；14—膜片

度。目前采取的温度补偿办法是在晶体组件的前面装一块线膨胀系数大的金属片（如铝、铍青铜等），自动抵消弹性套与晶体线膨胀的差值，保证预紧力的稳定。

传感器在振动或冲击条件下测量压力时，由于晶体、膜片、弹性套及温度补偿块的质量，在加速度作用下产生惯性力，该惯性力对中、高量程传感器产生的附加电荷比起被测压力对晶体作用产生的电荷相对较小，但对小量程传感器就不能忽略。对此采取的补偿办法是，在传感器内部设置一个附加质量和一组极性相反的补偿压电片（图 3-16 中的 10 和 7），在加速度作用时，使附加质量对补偿压电片产生的电荷与测量压电片因加速度产生的电荷相抵消，只要附加质量选择适当，就可达到补偿目的。

3.3.3 压阻式压力传感器

压阻式压力传感器是利用半导体的压阻效应而制成，典型结构如图 3-17 所示。传感器的端部是高弹性钢质薄膜，头部充满低黏度硅油，用以传递压力和隔热。敏感元件硅杯浸在硅油中，被测压力通过钢膜片和硅油传递给硅杯，硅杯的集成电阻通过金引线与绝缘端子相连，补偿电阻连接在印制电路板上。

硅杯的结构形状有两种，一种是周边固支的圆形膜片，另一种是周边固支的方形或矩形膜片。周边固支的圆形硅膜片受均布压力作用时，膜片表面的应力分布以及扩散电阻布局等问题可参阅相关书籍。

压阻式压力传感器应用范围非常广泛，通常用于中、低压力测量，以及微压和压差的测量方面。目前已有可测高压的压阻式压力传感器，最大压力可达 300～500 MPa，固有频率为 500 kHz，非线性为 0.5%。

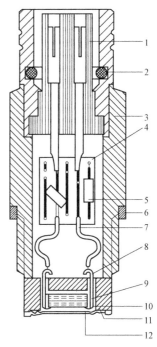

图 3-17 压阻式压力传感器结构
1—插座；2—橡皮圈；3—壳体；4—印制电路板；5—补偿电阻；6—密封圈；7—连接导线；8—玻璃绝缘馈线；9—硅杯组件；10—金引线；11—硅油；12—钢膜片

3.3.4 压力传感器的标定

压力传感器的标定比较简单,标定装置都采用活塞式压力计。被标定的传感器安装在压力计的接头上,当转动手轮时,加压泵的活塞往前移动使加压泵增压,并把压力传至各部分,当压力达到一定值时,将精密活塞上的砝码顶起,使油压与砝码重力相平衡,此时传感器受到的压力就是砝码的重力与精密活塞的有效面积之比,施加不同重量的砝码,传感器受到相应的压力,以达到给传感器逐级加压的目的。为了减少精密活塞与油缸之间的黏性摩擦,在加压时可用手转动活塞砝码部分。

由于精密活塞的直径在工艺上可达到很高的精度,而且砝码的重量可做得非常准确,因此活塞式压力计的精确度是很高的。

这种标定方法,在加压和卸压时都要放上或卸下一块砝码,在连续多次标定时,尤其感到既麻烦又笨重。在不降低标定精度等级的前提下,可选用精密压力表来代替砝码加载,即在压力计的另一个接头装上精密压力表,并关闭砝码活塞通道,当转动手轮加压时,传感器所受压力直接由精密压力表示值读出。精密压力表的精度等级分为 0.4 级、0.25 级、0.16 级、0.1 级,应高于被标定传感器的精度等级。这种方法操作简单方便,缺点是可能带来人为的读数误差。

3.4 推力传感器

测力传感器的形式很多,根据其转换原理不同,有电阻应变式、压电式、电感式、电容式等类型。这里主要介绍在火箭武器推力测试上应用较为广泛的电阻应变式测力传感器和压电式测力传感器。

3.4.1 电阻应变式测力传感器

力的测量可以在被测对象上直接布片组桥,也可以在弹性元件上布片组桥,组成各种测力仪。常用的弹性元件有柱式、梁式、环式、轮辐式等多种形式。电阻应变式测力传感器具有结构简单、制造方便、精度高等优点,在静态和动态测量中获得了广泛的应用。

1)柱式弹性元件

柱式弹性元件分为实心和空心两种,如图 3-18 所示。在外力作用下,若应力在弹性范围内，则应力和应变成正比关系：

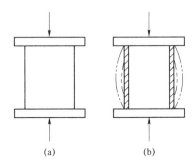

图 3-18　柱式弹性元件
（a）实心圆柱；（b）空心圆柱

$$\varepsilon = \frac{\Delta l}{l} = \frac{\sigma}{E} = \frac{F}{AE} \qquad (3-26)$$

式中　F——作用在弹性元件上的集中力；

　　　E——材料弹性模量，对于碳钢 $E = (2.0 \sim 2.2) \times 10^5$ MPa；

　　　A——圆柱的横截面积。

圆柱的直径 D 则根据材料的允许应力 σ_b 来计算，保证 $F/A \leqslant \sigma_b$。

（1）实心圆柱弹性元件因为其横截面积 $A = \pi D^2/4$，则

$$D \geqslant \sqrt{\frac{4F}{\pi \sigma_b}} \qquad (3-27)$$

由式（3-26）可知，若想提高灵敏度，即较小力的作用产生较大应变 ε，必须减小横截面积 A。但 A 的减小受到允许应力和线性要求的限制，同时 A 的减小，对横向力干扰敏感。为此在测量小集中力时，多采用空心圆柱（圆筒）式弹性元件。在同样横截面积情况下，空心圆柱式的横向刚度大，横向稳定性好。

（2）空心圆柱弹性元件。根据允许应力计算其内外径：

$$\frac{\pi}{4}(D^2 - d^2) \geqslant \frac{F}{\sigma_b}$$

$$D \geqslant \sqrt{\frac{4F}{\pi \sigma_b} + d^2} \qquad (3-28)$$

式中　D——空心圆柱外径；

　　　d——空心圆柱内径。

由材料力学可知，当高度与直径的比值 $H/D \gg 1$ 时，沿中间断面上的应力状态和变形状态与其端面上作用的载荷性质和接触条件无关。为了减少端面上接触摩擦和载荷偏心对变形的影响，一般应使 $H/D \gg 3$。但是高度 H 太大时，

弹性元件固有频率降低，横向稳定性变差。为此实心和空心弹性元件高度取

$$H \geqslant 2D+l \quad (3-29)$$

$$H \geqslant D-d+l \quad (3-30)$$

式中，l 为应变片基长。

弹性元件上应变片的粘贴和电桥连接，应尽可能消除偏心和弯矩的影响，一般将应变片对称地贴在应力均匀的圆柱表面中部，在位置允许的条件下，桥臂应变片 R_1 和 R_3、R_2 和 R_4 串联，且处于对臂位置，以减小弯矩的影响。

2）梁式弹性元件

（1）等截面梁。弹性元件为一端固定的悬臂梁，如图 3-19（a）所示。其梁宽为 b，梁厚为 h，梁长为 l。当力作用在自由端时，刚性端截面中产生的应力最大，而自由端产生的挠度最大，在距受力点为 l_0 的上下表面，沿 l 向贴电阻应变片 R_1 和 R_2，R_3 和 R_4 贴在反面对称位置。在粘贴应变片处的应变为

$$\varepsilon = \frac{\sigma}{E} = \frac{6Fl_0}{bh^2 E} \quad (3-31)$$

（2）等强度梁。如图 3-19（b）所示，梁厚为 h，梁长为 l，固定端宽为 b_0，自由端宽为 b。梁的截面成等腰三角形，集中力 F 作用在三角形顶点，梁内各横截面产生的应力是相等的，表面上任意位置的应变也相等，因此称为等强度梁。梁的各点由于应变相等，故粘贴应变片的位置要求不严格。在粘贴应变片处的应变为

$$\varepsilon = \frac{\sigma}{E} = \frac{6Fl}{b_0 h^2 E} \quad (3-32)$$

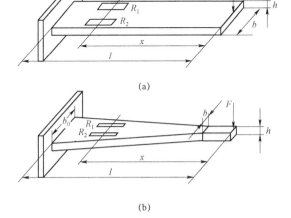

图 3-19 梁式弹性元件
（a）等截面梁；（b）等强度梁

设计时根据最大载荷 F 和材料的允许应力 σ_b 确定梁的尺寸。用梁式弹性元件制作的测力传感器适宜测量 5 000 kN 以下的载荷,最小可测几个 10^{-2} N 的力。这种传感器结构简单,加工容易,灵敏度高,常用于小载荷力测量。

(3)双端固定梁。梁的两端都固定,中间加载荷,梁宽为 b,梁厚为 h,梁长为 l,应变片 R_1、R_2、R_3 和 R_4 粘贴在中间位置,则梁的应变为

$$\varepsilon = \frac{\sigma}{E} = \frac{3Fl}{4bh^2 E} \quad (3\text{-}33)$$

这种梁的结构在相同力 F 的作用下产生的挠度比悬臂梁要小。

3)环式弹性元件

图 3-20 所示为圆环式和八角环式弹性元件与组桥。

(1)圆环式。在圆环上施加径向力 F_y 时,圆环各处产生的应变不同,其中与作用力成 39.6° 处(图中 B 点)应变等于零(图 3-20(a))。在水平中心线上则有最大的应变为

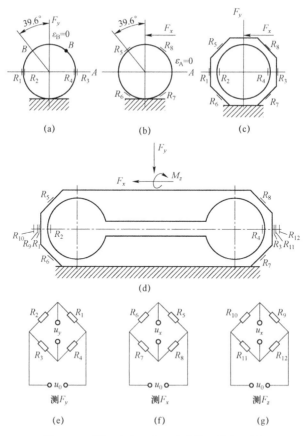

图 3-20 圆环式和八角环式弹性元件与组桥

$$\varepsilon = \pm \frac{3F[R-(h/2)]}{bh^2 E}\left(1-\frac{2}{\pi}\right) \qquad (3-34)$$

式中，R 为圆环半径；h 为圆环壁厚；b 为圆环宽度。将应变片 R_1、R_2、R_3 和 R_4 贴在该处，R_1、R_3 受拉应力；R_2、R_4 受压应力。

如果圆环一侧固定，另一侧受切向力 F_x 时，与受力点成 90°处（图中 A 点）应变等于零（图 3-20（b））。将应变片 R_5、R_6、R_7 和 R_8 贴在与垂直中心线成 39.6°处，R_5、R_7 受拉应力、R_6、R_8 受压应力。这样，当圆环上同时作用着 F_x 和 F_y 时，将应变片 $R_1 \sim R_4$、$R_5 \sim R_8$ 分别组成电桥（图 3-20（e）、（f）），就可以互不干扰地测力 F_x 和 F_y。

（2）八角环式。圆环方式不易夹紧固定，常用八角环代替，如图 3-20（c）所示。八角环厚度为 h，平均半径为 r。当 h/r 较小时，零应变点在 39.6°附近。随 h/r 值的增大，当 $h/r=0.4$ 时，零应变点在 45°处，故一般八角环测力 F_x 时，应变片贴在 45°处。

4）轮辐式弹性元件

弹性元件受力状态可分为拉压、弯曲和剪切。前两类测力弹性元件经常采用，精度和稳定性已达到一定水平，但是安装条件变化或受力点移动，会引起难于估计的误差。剪切受力的弹性元件具有对加载方式不敏感、抗偏载、侧向稳定、外形矮等特点。轮辐式弹性元件形似带有辐条的车轮，如图 3-21 所示。应变片沿轮辐轴线成 45°角的方向贴于梁的两个侧面，辐条的宽、长、厚分别为 b、l、h，材料的弹性模量及剪切弹性模量分别为 E 和 G。根据材料力学可知，在受力 F 作用下，辐条的最大剪切应力及弯曲应力分别为

$$\tau_{\max} = \frac{3F}{8bh} \qquad (3-35)$$

$$\sigma_{\max} = \frac{3Fl}{4bh^2} \qquad (3-36)$$

如令 $h/l = a$，则有

$$\frac{\tau_{\max}}{\sigma_{\max}} = \frac{h}{2l} = \frac{a}{2} \qquad (3-37)$$

从上式可知，h/l 值越大，切应力所占比重越大。工程设计时应结合具体条件，进行剪切和弯曲强度的校核。为了使弹性元件具有足够的输出灵敏度而又不发生弯曲破坏，h/l 比值一般在 1.2~1.6 之间选择。

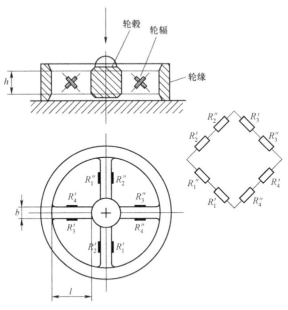

图 3-21 轮辐式弹性元件

3.4.2 压电式测力传感器

图 3-22 是压电式测力传感器的一种结构，这种结构的外形类似垫圈，所以常称为负荷垫圈。它由压电晶体片、导电片、基座和承压环所组成。圆环形状的晶体片被固定在两个钢环之间，装配后都要进行封焊。这种垫圈式测力传感器在进行测量前的安装可参照如图 3-23 所示的方法。图 3-23（a）是把负荷垫圈用螺钉固定在底座上，被测力通过上平板作用于垫圈上。图 3-23（b）是用一个螺栓把负荷垫圈固定在两个螺母中间，通过与螺母连接的上下两根螺杆可对传感器施加拉力或压力。测量拉力时，必须在安装垫圈时对它施加一定的预紧力。这种负荷垫圈式测力传感器上下两平面都经过研磨，因此安装时与传感器表面接触的零件表面应具有良好的平行度和粗糙度，其硬度应低于传感器表面的硬度，这样才能保证预紧力垂直于传感器表面，晶体片上的应力分布才是均匀的。

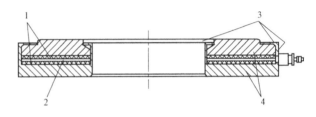

图 3-22 压电式测力传感器结构

1—压电晶体片；2—导电片；3—基座；4—承压环

如图 3-24 所示为压电式单向测力传感器结构图。晶片为 X 切割石英晶片，尺寸为 $\phi 8\times 1$ mm，上盖为传力元件，其变形壁的厚度为 0.1～0.5 mm，由测力范围（$F_{max}=5\,000$ N）决定。绝缘套用来绝缘和定位。基座内外底面对其中心线的垂直度、上盖及晶片、电极的上下底面的平行度与表面粗糙度都有极严格的要求，否则会使横向灵敏度增加或使晶片因应力集中而过早破坏。为提高绝缘阻抗，传感器装配前要经过多次净化（包括超声波清洗），然后在超净工作环境下进行装配，加盖之后用电子束封焊。

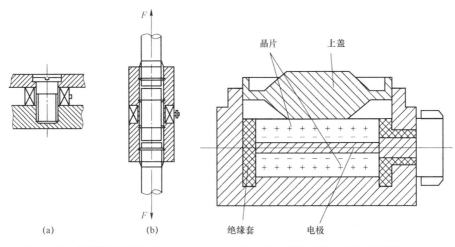

图 3-23　负荷垫圈安装方法　　　图 3-24　压电式单向测力传感器

3.4.3　推力传感器的标定

按国家标准，力值的基准可分为四级。

1. 基准测力计

力值范围：10 N～1 MN；
力值总不确定度：≤2×3.5。

2. 一等标准测力计

力值范围：10 N～1 MN；
精度等级：0.01 级、0.03 级；
力值重复性：≤1×3.4、≤3×3.4；

力值稳定度：≤1×3.4、≤3×3.4。

3. 二等标准测力计

① 静重式标准测力计。
力值范围：10 N～1 MN；
力值总不确定度：≤1×3.4。
② 杠杆式标准测力计。
力值范围：1 kN～1 MN；
精度等级：0.03 级、0.05 级；
力值总不确定度：≤3×3.4、≤5×3.4。
③ 液压式标准测力计。
力值范围：10 kN～1 MN；
精度等级：0.05 级、0.1 级；
力值总不确定度：≤5×3.4、≤1×3.3。

4. 三等标准测力计

力值范围：10 N～1 MN；
精度等级：0.1 级、0.3 级、0.5 级；
力值重复性：≤1×3.3、≤3×3.3；
力值稳定度：≤1×3.3、≤3×3.3。

一般在现场进行力的标定时，常使用三等标准测力计或经二等以上标准测力计检定过的高精度传感器作为力的标准。图 3-25 为 EHB 系列 0.3 级三等标准测力计结构示意图，直读式三等测力计由圆环弹性体（测力环）、上下承压垫、表架和百分表组成。测力计受力后，圆环弹性体产生变形，百分表的测量杆受到压缩，从百分表即可读出变形量。这种测力计的圆环弹性体厚度较薄，适用于小量程载荷，通常额定载荷在 100～1 500 N。

杠杆放大式三等测力计由椭圆环弹性体、上下承压座、杠杆放大机构和百分表组成。测力计受力后，使椭圆环弹性体产生变形，在短轴方向的变形量通过杠杆放大机构（通常放大 5 倍左右）放大后传递到百分表的测量杆，从百分表读出的变形量与受力大小成正比。这种测力计的量程范围较大，通常额定载荷在 3 kN～5 MN。

力的标定装置实际上是加力装置。图 3-26 为千斤顶式加力装置。所用千斤顶为蜗轮蜗杆式或液压式。

测力传感器的标定方法有多种，一种是将测力传感器放在二等标准测力计

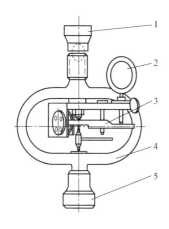
图 3-25 三等标准测力计
1,5—承压座；2—百分表；
3—杠杆放大机构；4—测力环

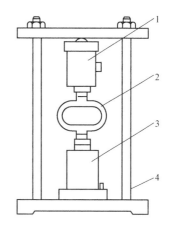
图 3-26 千斤顶加力装置
1—传感器；2—测力计；
3—千斤顶；4—支架

中进行标定，一种是用三等标准测力计与传感器一起放在加力装置中进行标定，这两种方法都是将传感器标定完后再安装到试验台上，经调整对中后进行发动机试验。有时，还需在试验后再卸下传感器进行一次标定。如此反复安装调整测力传感器不仅给操作带来很多麻烦和增加试验的时间，而且还会因每次安装调整的差异产生测量误差。为了克服在试验台下标定出现的上述缺点，可以设计在试验台上进行标定的试验装置，即原位标定装置。简单的原位标定装置如图 3-27 所示。

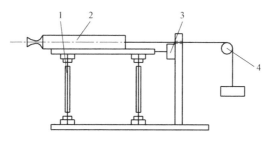
图 3-27 原位标定装置
1—弹性支撑；2—发动机；3—推力传感器；4—标定系统

图中试验台为简易挠性试验台，推力传感器经安装调整固定在试验台上，标定时砝码通过软钢绳施加载荷于发动机的中心线上，台架受力时，支撑弹簧片产生变形，使载荷力作用于传感器。这种类型的试验台架，由于支撑弹簧片的变形要吸收一部分能量，使得作用于传感器的力要比实际推力偏小，通过原位标定的方法就可消除对主推力测量的影响。

对于压力标定，其装置如图 3-28 所示。其具体内容请查阅相关资料。

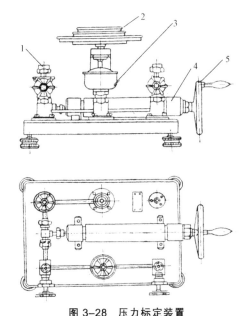

图 3-28 压力标定装置
1—传感器接口；2—砝码；3—油杯；4—加压泵；5—手轮

3.5 推力压力测量系统

3.5.1 对试验台架的要求

（1）要有足够的强度和刚度。发动机工作产生的推力从点火开始到达到最大推力时间很短，甚至只有几毫秒，对试验台架产生强烈的冲击振动，对这样的动载荷，不仅应保证台架在最大推力和允许的过载力作用下不致被破坏，而且承力架（定架）应具有足够的刚度，其变形与推力传感器相比应小到可以忽略的程度，即可把台架看成是刚体，只考虑推力传感器弹性元件的变形。

（2）要有较高的精度。台架的精度一方面取决于台架本身的水平度和推力与传感器的同心度，另一方面取决于动架与定架之间的摩擦约束阻力大小。因此，台架应有调整水平和同心的可调机构及基准面，或另备检测量具，以保证台架安装调整后达到所要求的水平度和同心度。摩擦约束阻力的大小应满足试验台精度的要求，常用的滚珠、滚筒和轴承支撑摩擦阻力都较小，但因摩擦系数变化大，重复性差，改用弹簧片支撑可得到满意的效果。

（3）推力传感器要能原位标定。推力传感器通常是在专用的设备上标定后再安装在台架上，这样来回装卸容易带来误差，操作也麻烦费时。为了提高推力测量的精度和缩短试验周期，台架上应具有加载装置，能对推力传感器进行原位标定。

（4）要结构简单，安装调试、加载方便。

3.5.2 试验台架的结构形式

固体火箭发动机试验台的结构按发动机安装形式可分为立式试验台和卧式试验台两种。

1. 立式试验台

发动机垂直安装，向上喷气，如图3-29所示。试验台主要由三根丝杠3、上下两块大平板2、底座平板6和调节支座8组成。推力传感器4安装在锥形基准座7上，发动机的位置可通过调节支座径向位移使之与推力传感器同心。支座构成对发动机上下两平面的三点支撑，接触点是滚珠轴承，摩擦阻力很小。立式试验台由于发动机的质量作用在推力传感器上与推力方向一致，在发动机工作过程中推进剂不断消耗，质量逐渐减轻，在处理实测的推力数据时必须考虑这一影响，尤其是小推力长时间工作的发动机，推进剂质量与推力比值较大，影响更为严重。因此，立式试验台用得较少，测推力大多采用卧式试验台。

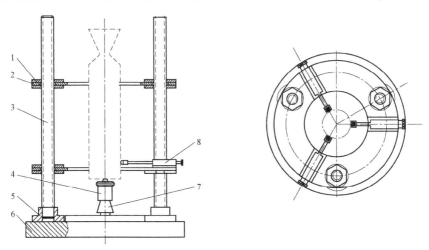

图3-29 立式试验台

1—固定螺帽；2—平板；3—丝杠；4—推力传感器；5—固定座；6—底座平板；
7—传感器安装座；8—调节支座

2. 卧式试验台

发动机水平安装，根据发动机支撑方式的不同，可分为中心架式、车轮式和弹簧片式三种。

（1）中心架式：如图 3-30 所示，它由两个中心架支撑发动机，每个中心架有三个互成 120° 角的支点，各支点端部为滚珠轴承以减小摩擦阻力，通过调节丝杠可调整发动机的水平高度和水平度，使之与推力传感器同心。各支点对发动机保持适当的接触，既不能有间隙又不能对发动机施加径向压力。各支点丝杠位置调好后必须锁紧，以防发动机工作过程中的径向跳动。

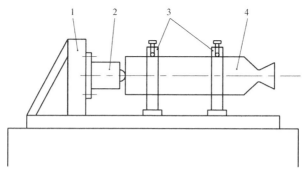

图 3-30　中心架式试验台
1—承力架；2—传感器；3—中心架；4—发动机

（2）车轮式：试验台架像具有四个轮子的小车一样，可在两根平行的轨道上前后移动。该结构非常简单，适用于中型或大型发动机试验，发动机固定在小车上后可沿轨道一起进入保温间恒温，然后再沿轨道可迅速到达试验台进行试验。

以上两种形式，当传感器受推力作用发生变形时，发动机或整个小车的轴向位移要受到摩擦阻力的影响，使推力传感器受的力要比实际推力小，即使利用滚珠轴承来减小摩擦阻力，它在滚动时的摩擦系数最小可能到 0.001，但是发动机或小车从静止状态到开始运动，这时的摩擦系数很容易达到或超过 10 倍于动摩擦系数，而且是变化的或不可预测的。为了克服这一无规律变化的影响，可采用下面的片簧支撑形式。

（3）弹簧片式：弹簧片式试验台又称片簧型试验台，如图 3-31 所示。发动机被支撑在前后两片或四片弹簧片上，对片状弹簧来说，轴向刚度很大，足以承受发动机的质量而不发生挠曲，而侧向（发动机的轴向）刚度小，相当于一个挠性件。虽然弹簧片的弹性变化要吸收一部分推力，但可通过原位标定来加以消除。原位标定装置可用油缸活塞加载，用标准传感器指示。如果没有标准传感器，也可按图 3-31 所示的结构，采用精密标准活塞，根据活塞式压力计加压装置的压力乘以标准活塞的面积,即可得到作用于传感器上的力值。为了减小活塞与油缸之间的摩擦力,采用电动机皮带轮传动,使油缸与活塞之间产生低速相对旋转运动。预压螺旋弹簧可在试验前给予推力传感器一个预压负荷,通常预压负荷可调到最大推力的10%左右。

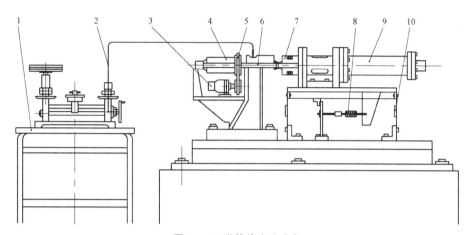

图 3-31 弹簧片式试验台
1—加压装置;2—油管;3—电动机;4—活塞;5—皮带;6—拉杆;
7—传感器;8—预压弹簧;9—发动机;10—弹簧片

3.5.3 试验台架的力学分析

单推力试验台可以简化为图 3-32 所示的力学模型,作用于试验台上的推力 $F(t)$ 与运动系统的惯性力 $m\dfrac{d^2 x}{dt^2}$、摩擦阻尼力 $b\dfrac{dx}{dt}$、弹性变形的恢复力 Kx 相平衡,力学方程的表达式可写为

$$m\frac{d^2 x}{dt^2}+b\frac{dx}{dt}+Kx=F(t) \qquad (3\text{-}38)$$

式中 m——运动系统的质量;
b——阻尼系数;
K——弹簧常数;
x——运动系统的位移(弹性变形)。

假设在发动机整个工作期间质量 m、阻尼系数 b 和弹簧常数 K 都保持不变。

式(3-38)可写成

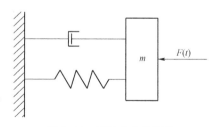

图 3-32 试验台力学模型

$$\frac{1}{\omega_n^2}\frac{d^2 x}{dt^2}+\frac{2\xi}{\omega_n}\frac{dx}{dt}+x=\frac{F(t)}{K} \qquad (3\text{-}39)$$

式中

$$\omega_n = \sqrt{\frac{K}{m}} \quad (自然角频率) \qquad (3-40)$$

$$\xi = \frac{b}{2\sqrt{Km}} \quad (阻尼比) \qquad (3-41)$$

参数 ω_n 和 ξ 足以确定试验台的动态特性，其值可以通过给试验台作用一个冲击力记录位移变化曲线而获得。当冲击力作用后，试验台运动系统按有阻尼自由振荡规律变化，根据式（3-38）可得

$$x = X_0 \mathrm{e}^{-\frac{b}{2m}t} \sin \omega_1 t \qquad (3-42)$$

或

$$x = X_0 \mathrm{e}^{-\xi \omega_n t} \sin \omega_1 t \qquad (3-43)$$

式中

$$\omega_1 = \sqrt{\frac{K}{m} - \left(\frac{b}{2m}\right)^2} = \omega_n \sqrt{1-\xi^2} \qquad (3-44)$$

ω_1 是有阻尼的振动角频率，称为阻振角频率，可见有阻尼的振动频率较无阻尼振动频率低。在一般的试验台没有专门安装振阻器时，ξ 比较小，约为 0.1，则 ω_1 与 ω_n 很接近。

式（3-42）右边是两项因子的乘积，第二项为简谐振动，第一项是与过渡阻振相似的指数式，整个运动曲线是减幅的正弦曲线，如图 3-33 所示，曲线的振幅是按 $\mathrm{e}^{-\frac{b}{2m}t}$ 衰减，虚线表示振幅极限值的边界线。

设 t_n 是从自由振荡开始到某一最高振幅 X_n 所经过的时间，t_{n+1} 是到相邻最高振幅 X_{n+1} 所经过的时间，因 t_n 到 t_{n+1} 时间正好等于一个周期，则

$$t_{n+1} = t_n + \frac{2\pi}{\omega_1}$$

在 t_n 时间所对应的振幅

$$X_n = X_0 \mathrm{e}^{-\frac{b}{2m}t_n}$$

在 t_{n+1} 时间所对应的振幅

$$\begin{aligned} X_{n+1} &= X_0 \mathrm{e}^{-\frac{b}{2m}t_{n+1}} \\ &= X_0 \mathrm{e}^{-\frac{b}{2m}\left(t_n + \frac{2\pi}{\omega_1}\right)} \\ &= X_0 \mathrm{e}^{-\frac{b}{2m}t_n - \frac{2\pi b}{2m\omega_1}} \end{aligned}$$

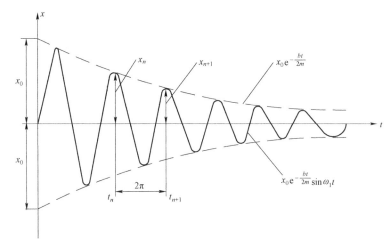

图 3-33　有阻尼振荡曲线

两振幅的比值

$$\frac{X_n}{X_{n+1}} = \frac{X_0 e^{-\frac{b}{2m}t_n}}{X_0 e^{-\frac{b}{2m}t_n - \frac{\pi b}{m\omega_1}}}$$

得

$$\frac{X_n}{X_{n+1}} = e^{\frac{\pi b}{m\omega_1}} \tag{3-45}$$

从式（3-45）可以看出，振幅的衰减大小与振动系统的质量 m、阻尼系数 b 和振动角频率 ω_1 有关。通常把因式 $\dfrac{\pi b}{m\omega_1}$ 称为"对数减缩"，用 δ 表示。

对式（3-45）两边取自然对数

$$\ln X_n - \ln X_{n+1} = \frac{\pi b}{m\omega_1} = \delta$$

则

$$\delta = \frac{\pi b}{m\omega_1} = \frac{2\pi \xi}{\sqrt{1-\xi^2}}$$

$$\delta^2 = \frac{4\pi^2 \xi^2}{1-\xi^2}$$

最后得

$$\xi = \frac{\delta}{\sqrt{4\pi^2 + \delta^2}}$$
$$= \frac{\ln X_n - \ln X_{n+1}}{\sqrt{4\pi^2 + (\ln X_n - \ln X_{n+1})^2}} \tag{3-46}$$

从式（3-46）可知，具有阻尼振动系统的阻尼比（阻尼因数）可由试验方法测出两个相邻最大振幅之值后，用式（3-45）计算而得。

式（3-42）中的 $\frac{b}{2m}$ 称为时间常数，它的大小决定了振荡衰减速度。可以看出，时间常数与系统的弹簧常数无关。试验证明：当 b 和 m 保持不变时，改变弹簧常数 K，所得两个振荡曲线包络线保持不变。只有增加阻尼系数 b 或减小质量 m 可以使时间常数增大，但质量的减小可能引起严重的问题。因为质量的减小使推进剂的质量与总质量的比值增加了，推进剂随发动机工作消耗，这样质量不变的假设就不存在了。

3.5.4 试验曲线的定点与处理

对于火箭发动机静止点火试验，当采用数据记录系统时，测得最基本的数据是推力和压力随时间的变化曲线，从该曲线上可获得若干所需的参数，如发动机工作期间最大压力、最大推力、最小压力、最小推力、平均压力、平均推力以及推进剂燃烧时间、发动机工作时间。还可通过所得的推力、压力、时间这些最基本的参数计算出发动机的总冲和比冲以及推力系数等诸参数。如何确定推力、压力曲线上的特征点，这就是对曲线的定点和处理的问题，下面以图3-34 为例，并以一条记录曲线来表示推力、压力随时间的变化过程，从曲线上可以得到：

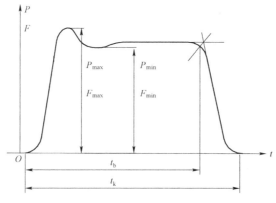

图 3-34 推力、压力曲线的定点

最大压力 P_{max}（最大推力 F_{max}）——压力（推力）曲线上最高点所对应的压力（推力）值。

最小压力 P_{min}（最小推力 F_{min}）——推进剂燃烧期间（除上升段外）压力（推力）曲线上最低点所对应的压力（推力）值。

平均压力 P_a——推进剂燃烧期间燃烧室压力的平均值。

$$P_a = \frac{\int_0^{t_b} P\,\mathrm{d}t}{t_b} \quad (3\text{-}47)$$

平均推力 F_a——发动机工作期间所产生推力的平均值。

$$F_a = \frac{\int_0^{t_k} F\,\mathrm{d}t}{t_k} \quad (3\text{-}48)$$

推进剂燃烧时间 t_b——从推进剂开始点燃到推进剂燃烧终止所经过的时间。

发动机工作时间 t_k——从发动机产生推力起到推力终止所经过的时间。

确定燃烧时间 t_b 和工作时间 t_k 的起始点有多种方法，有的是把压力达到 10% 最大压力那一点的时间定为起始点；有的是把点火药燃烧结束推进剂开始点燃（在压力曲线上有明显特征点时）那一点定为起始点。实际上，大多数情况下点火药燃烧和推进剂点燃在压力曲线上没有明显的分界线，况且点火药燃烧时间或 10% 最大压力所对应的时间都非常短，一般只有几毫秒，对整个燃烧时间来说可忽略不计。因此，普遍采用的方法是把压力（推力）曲线的起始点作为计算时间的起始点。

从曲线上确定推进剂燃烧结束那一点（终燃点）也有不同的方法，比较普遍采用的方法是：在压力曲线上作平衡段和下降段的切线，从切线交点作分角线，分角线与压力曲线的交点即为终燃点（图 3-34），该点所对应的时间就是推进剂终燃时间。另外，还有两种方法，一种是取压力下降到平均压力的 75% 那一点作切线与平衡段切线的交点所对应的时间为终燃时间；另一种是对燃烧压力曲线进行两次微分，可得最低点，该点所对应的时间就是终燃时间。

根据记录的推力、压力曲线和以上所确定的燃烧时间和工作时间，当已知发动机喷喉截面尺寸 A_t 和推进剂质量 m_p 时，就可计算出以下诸参数。

（1）总冲：

$$I = \int_0^{t_k} F\,\mathrm{d}t \quad (3\text{-}49)$$

(2) 比冲：

$$I_{sp} = \frac{\int_0^{t_k} F \, dt}{m_p} \quad (3-50)$$

(3) 推力系数：

$$C_F = \frac{\int_0^{t_k} F \, dt}{A_t \int_0^{t_k} P \, dt} \quad (3-51)$$

推力系数公式中的积分限可用 t_k 或 t_b，也可以是任意瞬时，但推力积分和压力积分所选取的积分限必须相同。

(4) 流量系数：

$$C_\omega = \frac{W_p}{A_t \int_0^{t_b} P \, dt} \quad (3-52)$$

(5) 等效排气速度：

$$V_{eq} = I_{sp} = \frac{\int_0^{t_k} F \, dt}{m_p} \quad (3-53)$$

(6) 特征速度：

$$C^* = \frac{A_t \int_0^{t_b} P \, dt}{m_p} \quad (3-54)$$

由以上公式可以看出：推力、压力试验是发动机最基本的也是最重要的试验，通过试验测量出发动机的推力和压力后就可获得若干其他参数。

3.6 旋转发动机试验

某些动力装置在旋转状态下工作，为了考核发动机在旋转状态下的工作性能与可靠性，就提出了做旋转试验的要求。

旋转试验是使发动机在以一定速度绕轴线旋转的状态下进行点火工作和参数测量的试验方法。通过旋转试验可以考核发动机在旋转状态下的点火性能和结构性能，评定由于旋转而带来的沉积对发动机性能的影响。这类试验对试验与测量装置的要求是：

试车架上需装有使发动机按一定转速旋转的动力装置和传动机构；过渡架上需装有便于在旋转状态下传递测量参数的"集流环"或非接触测量时所用的信号传递装置。

目前在常规野战火箭弹中，为了提高射击精度，普遍采用高速旋转（近程涡轮式火箭弹）和低速旋转尾翼式火箭弹。对某些导弹，从控制系统的需要出发，也要求在飞行中产生低速旋转。因此，试验研究旋转发动机的各种工作特性，具有重要意义。其主要目的是：测定发动机在工作期间转速随时间的变化过程；测定发动机在一定的转速下燃烧室内推进剂的燃速变化及压力和推力变化；测定旋转速度与二次压力峰之间的关系；测定全弹在旋转条件下控制系统诸参数的变化等。

3.6.1 旋转试验装置

旋转发动机试验装置的结构可分为两类：一类是主动式旋转试验装置，驱动发动机旋转的动力是发动机本身所产生的旋转力矩；另一类是被动式旋转试验装置，发动机的旋转是由试验台上的电动机带动。下面将分别予以介绍。

1. 主动式旋转试验装置

这种试验装置的典型结构如图 3-35 所示，被试发动机固定在连接体上，发动机的旋转完全由发动机本身工作时产生的旋转力矩所驱动，转速的大小决定于旋转力矩的大小，在发动机工作期间转速由小到大是变化的，当发动机工作结束时转速达到最大，然后慢慢降低。由于旋转体与活塞之间的摩擦和轴承的摩擦所产生的阻尼（摩擦）力矩，实测转速要低于发动机的实际转速。该试验装置除利用电磁感应原理测量发动机转速外，同时还能测量发动机的推力和压力。对转速和推力的测量一般比较容易解决，而对旋转发动机特别是高速旋转发动机燃烧室内压力的测量比较困难。该试验装置采用中心孔将压力从旋转发动机内传到固定不动的导管内来测量，这种方式存在旋转状态下的高压密封问题，它采用具有环形沟槽的活塞对此问题解决得较好。也可以将压力传感器固定在发动机上并跟随发动机一起旋转，压力传感器的输入输出电路可通过滑环（电刷）方式传送，这对低速旋转发动机尚可采用，对高速旋转（每分钟数万转）发动机就有困难了。

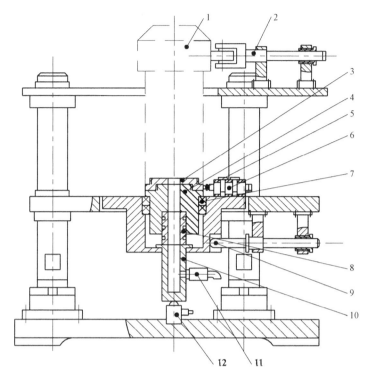

图 3-35 主动式旋转发动机试验装置

1—试验发动机；2—中心架；3—连接体；4—旋转轴；5—软铁钉；6—电磁转数器；7—轴承；8—密封活塞；9—定位柱；10—导管；11—压力传感器；12—推力传感器

2. 被动式旋转试验装置

所谓被动式旋转就是发动机由外加电动机带动旋转，这种装置如图 3-36 所示。发动机固定在安装架上并由前后轴承座支承，发动机的旋转由电动机通过传送带而带动，轴向推力通过止推轴承作用在推力传感器上，传感器预载荷由螺旋弹簧和预紧力拉杆施加。由于电动机的转速是可调的，该试验装置可根据不同发动机所需要的转速来调节。另外，也可对发动机施加各种转速，以研究在各种转速条件下的诸参数变化，这是该类试验装置的主要特点。

3.6.2 转速测量方法

测量转速的方法很多，有接触式机械方法和非接触式电测方法，对于旋转发动机试验，用机械方法不太适合，通常都采用非接触式的电测方法。下面介绍用光线示波器记录转数信号的电测方法。

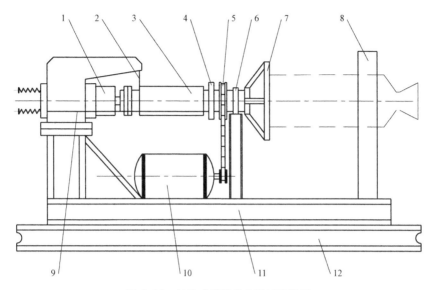

图 3-36　被动式旋转发动机试验装置

1—传感器；2—板弹簧；3—滑环；4—止推轴承；5—传送带；6—前轴承座；7—发动机安装架；
8—后轴承座；9—预紧力装置；10—旋转驱动电机；11—框架；12—导轨

1. 磁感应式转速测量法

这种方法的简单结构如图 3-37 所示，它主要由马蹄形磁铁 3、线圈 4、固定在旋转体 1 上的软铁钉 2 所组成。线圈输出接到示波器上。当发动机带动旋转体一起旋转时，固定在旋转体上的软铁钉就切割马蹄形磁铁的磁力线，每旋转一周，就切割一次磁力线，绕在磁铁上的线圈就产生一次感应电流，示波器记录纸上就记录一个信号，参考在记录纸上的标准时间信号，就可计算出单位时间的转数，即转速。

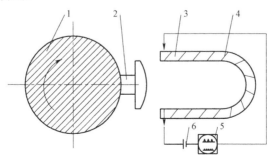

图 3-37　磁感应式转速测量示意图

1—旋转体；2—软铁钉；3—马蹄形磁铁；4—线圈；5—示波器；6—电源

2. 光电式转速测量法

采用光电式测量转速的原理很简单，如图 3-38 所示。它主要由光源 3、固定在旋转体上的反射镜 2 和光敏电阻 4 所组成，光敏电阻串接在示波器和电源线路内。当发动机带动旋转体旋转时，反射镜每转动一周到达图中所在位置时，将光源的光线反射至光敏电阻上，光敏电阻在光的作用下电阻发生变化，改变了输入给示波器的电流，在示波器记录纸上就记下一个变化信号，通过与标准时间信号比较，就可计算出转速。典型的光电法测转速仪器可选用 SZGB-11 型光电转速传感器和 XJP-10 型转速数字显示仪配套使用。

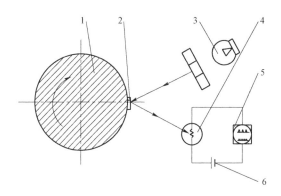

图 3-38　光电式转速测量原理图
1—旋转体；2—反射镜；3—光源；4—光敏电阻；5—示波器；6—电源

3.7　推力偏心测量

3.7.1　概述

吸气式发动机的推力矢量控制机构有多种类型，近代大型吸气式发动机较多采用的是柔性喷管。推力矢量控制试验的主要目的是考核推力矢量控制机构的工作可靠性，测量控制机构的控制特性，如控制力、控制力矩、摆角和摆动角加速度等。对摆动喷管推力矢量控制试验的要求是：

（1）试验台需配置一套专用的液压源；
（2）发动机及试车架都需在喷管摆动方向上有可靠的限位与固定；
（3）需要有指令信号发出装置；

（4）需要有进行摆角、摆心、摆动角速度等参数测量的装置；

（5）测试项目较多，除发动机参数外，通常还包括控制机构的启动、位置、暂态、速度频率和振动特性参数等。

多分力试车架的设计及分力测量都有较大的技术难度，在分力测量中，多分力传感器具有较大的适用价值。

推力矢量控制试验的主要目的是考核推力矢量控制机构的工作可靠性，测量控制机构的控制特性，如控制力、控制力矩、摆角和摆动角加速度等。推力矢量控制试验中有时还要测量发动机的侧向力，即推力的分力。侧向力主要来源于控制机构（如喷管的摆动）和发动机的不对称性（如几何不对称性和气动不对称性），一般地说，由于推力控制机构所产生的侧向力是比较大的，而由发动机的不对称性引起的侧向力是比较小的。当需要知道发动机的推力分量，进而知道推力偏心角和横向位移时，就需在多分力试车架上进行分力测量试验。

火箭发动机因机械加工和装配误差可能引起喷管（指单个直喷管）几何轴线与发动机几何轴线的偏斜，或者因发动机的某些零件（如挡药板、喷管等）结构尺寸的不对称和喷喉的局部烧蚀而引起的燃气流偏斜，都会造成发动机的实际推力作用线与发动机几何轴线不重合，这就出现所谓的推力偏心。

发动机推力偏心的大小无法从理论上进行计算，只能通过大量试验进行统计分析来确定。对火箭弹，推力偏心会引起方向和距离的散布，降低射击精度。对某些导弹也需要确定推力偏心的大小，以研究它对弹道的影响。

对任何一个空间力向量，要确定它的大小和方位，必须知道它在直角坐标系中在 X、Y、Z 轴上的分力和对于 X、Y、Z 轴的分力矩，也就是说需要测定发动机的六个分量才能确定发动机的推力向量，这是普通的单推力试验台所不能完成的，这需要有专门的试验装置，使它对推力矢量作用的自由体六个自由度产生约束，并测定出这六个约束反力。根据空间力系平衡条件原理，由六个约束反力可以求得推力矢量在 X、Y、Z 坐标的六个分量，进而求得推力偏心值，这就是推力偏心试验台即六分力试验台的作用和原理。

3.7.2　典型的台架结构和组成部分

根据目前国内投入使用的推力偏心试验台来看，大部分是立式结构，如图 3-39 所示。试验台包括有定架、动架、挠性件、传感器、阻尼器、调节装置、标定装置等部分，现分别说明如下。

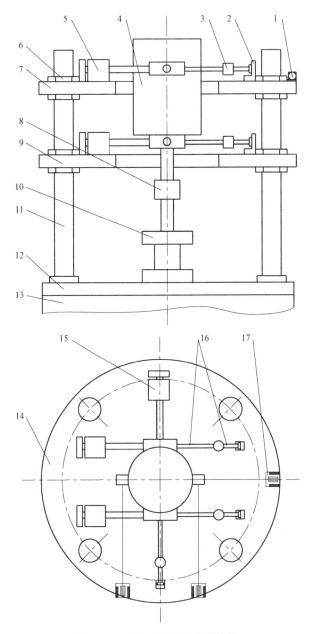

图 3-39 六分力试验台典型结构

1，17—标定装置；2—调节装置；3，8—传感器；4—动架；5，15—阻尼器；6—螺帽；7，14—上平板；9—下平板；10—底座；11—丝杠；12—底平板；13—地基；16—挠性件

定架：它是试验台固定不动的部分，要求刚性特别好，在发动机主推力作用下不产生位移和变形。该试验台的定架是由三块大平板和四根丝杠组成的刚性很好的整体，底平板由地脚螺钉紧固在钢筋混凝土的基座上，并在中心安装有轴向推力底座，上下两块平板可通过丝杠、调节螺母固定在所需的高度上，在上面安装有调节装置、侧向力标定装置和阻尼器固定架等。定架不限于这种结构，对中型和大型试验台架一般不采用整体式结构，而是用两对分离式的立柱固定在底平板上。

动架：它是发动机与六个测力组件连接的中间装置，既起连接作用又起传力作用。发动机产生的推力向量使主推力传感器和侧向力传感器受力而变形，发动机连同动架在任意方向都可能发生微小的运动，所以把它叫作动架。该试验台属于小型试验台，它的动架是整体式的圆筒，对中大型试验台多采用分立式的，两个框架分别固定在上下两个支撑平面上。为了提高运动系统的自振频率，动架在保持足够的刚性条件下应尽可能轻。还应具有较高的加工精度，保证动架与发动机、动架与主推力测力组件的同心度，在 XY 方向安装侧向力传感器基准的垂直度，以及外表面测量铅垂的基准面等。

挠性件：挠性件与测力传感器相连，它只在一个方向（传感器轴向）是刚性的，其他方向是挠性的，它的作用简单来说就是使传感器只受轴向力作用而变形，其他任何方向的力产生的位移都不会使传感器受到弯矩的作用。图 3-40 所示为挠性件-传感器组合结构。

挠性件的结构形式很多，该试验台采用的是最简单的细长圆杆形式，两端用螺纹连接，螺纹连接的优点是装卸方便，缺点是无法保证挠性件传感器组合在受拉和受压时弹簧常数的一致性。另一种连接方式是法兰盘连接，这种连接比螺纹连接可靠，但应尽可能地使受压时的法兰盘接触面积近似地等于受拉时螺栓的断面面积，这样才能保证弹簧常数的一致。圆柱形挠性件长度和直径的选择原则是既要保证各分力测量的精度又要保证具有足够的强度和稳定性。这种挠性件是在短而粗的圆柱上用特殊工艺加工而成的，除轴向是刚性外，其他两个方向具有很好的挠性。中间部分 A—A 断面为弹性元件，在其上粘贴应变计组成电桥成为应变式测力传感器。中间部分 B—B 断面为十字形，起扭曲挠性件作用，这比圆柱形挠性件扭转方向上刚性优越得多。这种挠性件的特殊形状和它与传感器成为一个整体，使整个组合的尺寸比圆柱形要短，可提高动架系统的自振频率，但工艺复杂，加工精度要求高。

传感器：推力偏心试验台要测量六个分力，除发动机主推力外，五个侧向分力都比较小，并且在发动机工作过程中力的大小和方向是变化的，因此对侧向分力的五个传感器，要求量程小、灵敏度高、精度高，并在拉力和压力作用

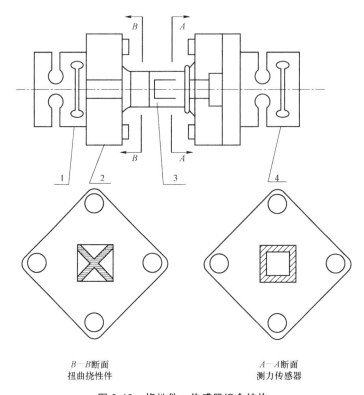

$B—B$ 断面　　　　　　　$A—A$ 断面
扭曲挠性件　　　　　　　测力传感器

图 3-40　挠性件—传感器组合结构
1—挠性件；2—法兰盘螺栓连接；3—力传感器（内贴应变计）；4—挠性件

下具有相同的特性。在自行设计选用传感器时，还需要注意一个问题，由于侧向分力很小，变化甚微，希望传感器灵敏度要高，如果从传感器的弹性元件来看，即希望在相同载荷作用下变形要大，也就是刚性要小，这样必然降低了整个动架系统（包括动架、挠性件、传感器）的刚度和自振频率，对测量很不利。实际上，传感器的灵敏度和动架系统的自振频率是互相矛盾的，只能采取折中办法解决。通常，为了保证台架具有足够的频率特性，不得不适当牺牲传感器的灵敏度，只能选用较大量程的传感器来测量较小的侧向力。

阻尼器：台架各测力组合件都是弹性系统，受动态力作用后将发生机械振动，如果毫无约束或阻尼非常小时，振荡长时间衰减不下来，传感器的输出信号是正弦振荡波形，无法对曲线进行数据处理分析，特别是当弹性系统的刚性小、自振频率低时，振荡的超量会很大。为了使机械振荡尽快衰减下来，应采取适当的阻尼措施。当有阻尼存在时，振荡按负指数（$e^{-\xi\omega_n t}$）的趋势衰减，在阻尼因数 $\xi<1$ 时，为欠阻尼状态，超量仍很大，达到稳定点的时间很长；在阻尼因数 $\xi>1$ 时，为过阻尼状态，动态曲线看起来光滑无振似乎很好，但实际上已经失真（畸变），考虑到振幅畸变和相位畸变，一般选取阻尼因数 $\xi = 0.7$ 左右为宜，此时虽仍有振荡，但超量已大大降低并在几个振荡周期后就可达到稳定状态。

试验台采用的阻尼器是活塞振阻器，内部充满油，油缸内不得有空气存留，否则会因空气的可压缩性降低振阻的强度。活塞与油缸之间有一定间隔，活塞上有若干小孔。当活塞受力往复振动时，振阻液体通过间隙和小孔来回流动，这时在液体中产生漩涡和摩擦力，使振动体的部分能量转化为热量而消失。

调节装置：它是挠性件传感器组合与定架连接的可调连接件，作为定架的一部分固定在定架上，既起支撑挠性件传感器组合又起约束侧向力的作用。为了保证各侧向支杆的水平位置和相互垂直，调节装置应在前后、左右、上下都能微调，并要调节方便，锁紧可靠。

标定装置：标定装置分轴向推力标定和侧向分力标定。轴向标定对推力在几千牛范围内，可直接加标准砝码标定，这种方法精度较高，但必须保证砝码上下两平面的平行度和没有质量偏心，否则会出现加载力的倾斜，最好有机械或自动加卸装置。对大推力的标定通常采用液压活塞加载，由标准传感器读数的方法。对侧向力的标定，因量程较小，标定方法普遍采用滑轮、绳索（或钢丝）、砝码加力，该试验台用的是在高低和方向都可调的滑轮机构，以调节加载的方向与传感器挠性件组合同心。

3.7.3 台架的力学分析和计算

按图 3-39 所示的台架各测力布局方案，先规定 XYZ 坐标按右手法则确定，Z 轴向下为正。主推力方向始终向下，则推力传感器以受压为正。侧向力方向未知，按坐标方向决定正负，则侧向力传感器以受拉为正受压为负。

取动架为示力对象，则该台架的力学模型如图 3-41 所示，图中 O_1 为上挠性件传感器组合的理论交点，O_2 为下挠性件传感器组合的理论交点，两点距离 $\overline{O_1O_2} = L$，O_1 和 O_2 两点连线为理论铅垂线并与 OZ 轴重合，O_1x_1 与 O_2x_2 平行并在同一铅垂面内，O_1y_1 与 O_2y_2 平行并在同一铅垂面内。O_c 为力系的简化中心。一般是取火箭弹的质心，$\overline{O_cO_2} = m$。

平衡方程的建立：

根据图 3-41 的力学模型可知，推力矢量与六个反支力组成空间非汇交力系，作用于刚体上（动架）的空间力系平衡的必要和充分条件是该力系的主向量和主矩应等于零。用三个坐标轴投影关系表示，则主向量在任意轴上的投影等于该力系各分力在该轴上投影的代数和，以及主矩在通过简化中心之任意轴的投影等于该系所有力对于该轴之矩的代数和，由此建立六个平衡方程如下：

$$\left.\begin{aligned} F_X &= -(F_3 + F_5 + F_6) \\ F_Y &= -(F_2 + F_4) \\ F_Z &= F_1 \end{aligned}\right\} \quad (3\text{-}55)$$

$$\left.\begin{aligned} M_X &= mF_2 + (m - L)F_4 \\ M_Y &= (L - m)(F_5 + F_6) - mF_3 \\ M_Z &= l(F_5 - F_6) \end{aligned}\right\} \quad (3\text{-}56)$$

根据测定的六个力 $F_1 \sim F_6$ 和给定的尺寸 L、m、l，可用上述公式分别求出三个力和三个力矩，还需根据这些参数进一步求出推力偏心值的大小。推力偏心值通常是用推力偏心角和推力偏心距这两个参量来表示的，推力偏心角是指推力矢量 $\vec{F}$ 的作用线与弹轴的投影夹角，用符号 γ 表示（图 3-41），推力偏心距是指通过火箭弹质心的截平面与推力矢量 $\vec{F}$ 的交点 K 到质心 O_c 的距离 $\vec{d}$，或者用质心 O_c 到推力矢量 $\vec{F}$ 的垂直距离 $\vec{D}$ 表示。因为 $\vec{D} = \vec{d}\cos\gamma$，由于 γ 非常小，可以认为 $\vec{D} \approx \vec{d}$。推力偏心距的方位即偏心在哪一个象限，可由计算所得的 X_c 和 Y_c 的正负号来判断，也可以计算与 X 轴的夹角大小（按顺时针方向）来确定。

偏心值计算如下：

将推力矢量 $\vec{F}$ 简化到质心 O_c，并有一附加力矩 $\vec{M}$（图 3-41），向量 $\vec{F}$、$\vec{M}$、$\vec{D}$ 之间的关系可表示如下：

因为有 $\quad \vec{M} = \vec{D} \wedge \vec{F}$（称为 $\vec{D}$ 与 $\vec{F}$ 的矢量积）

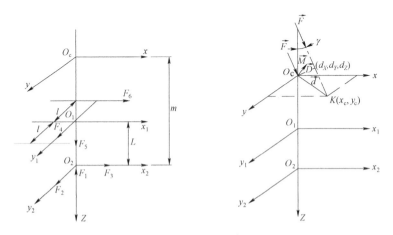

图 3-41 台架测力布局方案和偏心距

则
$$\vec{F} \wedge \vec{M} = \vec{F} \wedge (\vec{D} \wedge \vec{F})$$
$$= \vec{D}(\vec{F} \cdot \vec{F}) - \vec{F}(\vec{F} \cdot \vec{D})$$
$$= \vec{D}|\vec{F}||\vec{F}|\cos 0° - \vec{F}|\vec{F}||\vec{D}|\cos 90°$$
$$= \vec{D}|\vec{F}|^2 = \vec{D}F^2$$

得
$$\vec{D} = \frac{1}{F^2}(\vec{F} \wedge \vec{M})$$

式中
$$\vec{F} = F_X \vec{i} + F_Y \vec{j} + F_Z \vec{k}$$
$$\vec{M} = M_X \vec{i} + M_Y \vec{j} + M_Z \vec{k}$$

得
$$F = \sqrt{F_X^2 + F_Y^2 + F_Z^2}$$
$$M = \sqrt{M_X^2 + M_Y^2 + M_Z^2}$$

用行列式表示 $\vec{D}$，则为

$$\vec{D} = \frac{1}{F^2} \begin{vmatrix} \vec{i} & \vec{j} & \vec{k} \\ F_X & F_Y & F_Z \\ M_X & M_Y & M_Z \end{vmatrix}$$

则 $\vec{D} = \frac{1}{F^2}(F_Y M_Z - F_Z M_Y)\vec{i} - \frac{1}{F^2}(F_X M_Z - F_Z M_X)\vec{j} + \frac{1}{F^2}(F_X M_Y - F_Y M_X)\vec{k}$

从图 3-41 中可知，向量 $\vec{D}$ 可表示为
$$\vec{D} = d_X \vec{i} + d_Y \vec{j} + d_Z \vec{k}$$

所以得

$$\left.\begin{aligned} d_X &= \frac{1}{F^2}(F_Y M_Z - F_Z M_Y) \\ d_Y &= \frac{1}{F^2}(F_Z M_X - F_X M_Z) \\ d_Z &= \frac{1}{F^2}(F_X M_Y - F_Y M_X) \end{aligned}\right\} \quad (3-57)$$

则
$$D = \sqrt{d_X^2 + d_Y^2 + d_Z^2} \quad (3-58)$$

根据空间直线参数方程的条件，已知直线上一定点（这点是 d_X, d_Y, d_Z）及其方向余弦，就可求出该直线方程。如图 3-41 表示的推力矢量 $\vec{F}$ 的作用线的方程应为：

$$\frac{X_c - d_X}{\cos\alpha} = \frac{Y_c - d_Y}{\cos\beta} = \frac{0 - d_Z}{\cos\gamma}$$

根据方向余弦的定义，可写成

$$\frac{X_c - d_X}{F_X} = \frac{Y_c - d_Y}{F_Y} = \frac{-d_Z}{F_Z}$$

由此可得出 K 点的坐标 X_c 和 Y_c 及 d：

$$X_c = -\frac{F_X}{F_Z} d_Z + d_X \quad (3-59)$$

$$Y_c = -\frac{F_Y}{F_Z} d_Z + d_Y \quad (3-60)$$

$$d = \sqrt{X_c^2 + Y_c^2} \quad (3-61)$$

偏心角可用下式计算

$$\tan\gamma = \frac{F_{XY}}{F_Z} = \frac{\sqrt{F_X^2 + F_Y^2}}{F_Z}$$

$$\gamma = \arctan\frac{\sqrt{F_X^2 + F_Y^2}}{F_Z} \quad (3-62)$$

参 考 文 献

[1] 刘智刚. 微型涡喷发动机推力测量的新方法与验证 [J]. 科学技术与工程，2020，20（21）：8817-8822.

[2] 赵涌，石小江，宋子军，等. 一种改进的航空发动机高空模拟试验推力测量方法 [J]. 燃气涡轮试验与研究，2020，33（2）：1-6.

[3] 徐正红，刘子虚. 某型固体火箭发动机试车台推力测量分析及优化设计 [J]. 计测技术，2018，38（6）：33-36.

[4] 寇鑫，李广会，王宏亮，等. 姿控发动机小推力测量天平设计 [J]. 火箭推进，2018，44（2）：23-27.

[5] 朱舒扬. 全尺寸超燃冲压发动机推力测量台架研制 [J]. 火箭推进，2015，41（5）：106-110.

[6] 耿卫国，朱子环. 轨姿控发动机动态推力与推力矢量测试系统研制 [J]. 宇航计测技术，2015，35（6）：28-32.

第 4 章
温度与速度场测量

对于现代智能弹药动力装置，除了要求机动灵活的动力输出以及性能可靠的灵活使用，作为能量的主要利用形式，燃料燃烧所产生的温度分布以及形成燃料充分燃烧所需的速度分布，对于提高燃料燃烧效率，有着极为重要的意义。这点在微型涡轮喷气发动机、固体冲压发动机等吸气式发动机中日益受到重视。因此，国内外对动力装置中温度以及速度场分布进行了大量的研究工作。

4.1 温度测量

发动机试验中测量的温度有发动机壳体壁温、喷管组件表面温度、燃气温度、环境温度以及试验设备温度等。温度测量方法分为接触式和非接触式两类（图 4-1）。其中，接触式测温可直接测量得到被测对象真实温度；非接触式测温只能获得对象的表观温度，需要通过对被测对象表面发射率的修正才能接近真实温度，一般来说非接触法测温精度较接触法低。接触法可测液体内部温度，非接触法可测表面温度分布。非接触法可对运动物体或热容量小的物体的温度进行测量，接触法难以实现。非接触法测温范围很宽，从理论上讲可以测量极低温至极高温，接触法受材料限制，通常测 2 300 ℃以下。接触法比非接触法反应慢。接触法要求传感器检测部分的热容量小，安装接触良好，非接触法安装时要注意辐射通道中的吸收和光路污染等问题。

接触式测温方法由于其可靠性好、精度高和成本低等优点，在智能弹药领域具有广泛应用。

第 4 章 温度与速度场测量

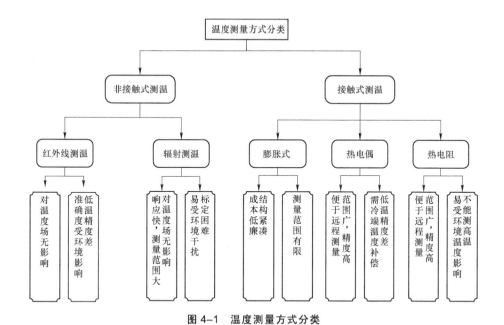

图 4-1 温度测量方式分类

4.1.1 热电偶测温

将两种不同材料的导体或半导体 A 和 B 焊接起来，构成一个闭合回路，当导体 A 和 B 的两个接触点 1 和 2 之间存在温差时，两者之间便产生电动势，因而在回路中形成一定大小的电流，这种现象称为热电效应。热电偶就是利用这一效应来工作的。

热电偶与热电阻均属于温度测量中的接触式测温，尽管其作用相同都是测量物体的温度，但是它们的原理与特点却不尽相同。

热电偶是温度测量中应用最广泛的温度器件，它的主要特点就是测量范围宽、性能比较稳定，同时结构简单、动态响应好，结合相应的变送器更能够远传 4~20 mA 的电信号，便于自动控制和集中控制。热电偶的测温原理是基于热电效应的。闭合回路中产生的热电势由两种电势组成：温差电势和接触电势。温差电势是指同一导体的两端因温度不同而产生的电势，不同的导体具有不同的电子密度，所以它们产生的电势也不相同；而接触电势顾名思义就是指两种不同的导体相接触时，因为它们的电子密度不同，所以产生一定的电子扩散，当它们达到一定的平衡后所形成的电势。接触电势的大小取决于两种不同导体的材料性质以及它们接触点的温度。目前国际上应用的热电偶具有一个标准规范，国际上规定热电偶分为八个不同的分度，分别为

B、R、S、K、N、E、J 和 T，其测量的最低温度可达零下 270 ℃，最高可达 1 800 ℃，其中 B、R、S 属于铂系列的热电偶，由于铂属于贵重金属，所以它们又被称为贵金属热电偶。而剩下的几个则称为廉价金属热电偶。热电偶的结构有两种，即普通型和铠装型。普通型热电偶一般由热电极、绝缘管、保护套管和接线盒等部分组成；而铠装型热电偶则是将热电偶丝、绝缘材料和金属保护套管三者组合装配后，经过拉伸加工而成的一种坚实的组合体。但是热电偶的电信号却需要一种特殊的导线来进行传递，这种导线称为补偿导线。不同的热电偶需要不同的补偿导线，其主要作用就是与热电偶连接，使热电偶的参比端远离电源，从而使参比端温度稳定。补偿导线又分为补偿型和延长型两种，延长导线的化学成分与被补偿的热电偶相同，但是实际中，延长型的导线也并不是用与热电偶相同材质的金属，一般采用和热电偶具有相同电子密度的导线代替。一般的补偿导线的材质大部分都采用铜镍合金。

热电偶结构简单、测温范围宽、热惯性小、精度和稳定性也较高，经济实用，是发动机试验中用得最多的测温元件。热电偶的热电特性，即热电势与温度的对应关系，可用分度表、特性方程以及特性曲线加以表示。其中最常用的是分度表。

1. 热电偶的选择

热电偶测温为典型的接触式测温，具有统一的分度，互换性好，使用方便。但对于智能弹药动力装置中高温、高压的特殊环境，上述标准化热电偶无法满足使用要求，一般需要使用非标准的钨铼或铂铑热电偶。对于热电偶来说，要求热电偶丝在物理性质、化学性能、适用范围以及稳定性上有着特殊的要求。其中，在物理性能方面要求在使用范围内不能存在再结晶或蒸发等现象，以避免热电偶丝及电极之间互相污染导致热电势发生变化。在化学性能方面，要求在测量温度范围内不受化学腐蚀，以避免热电势的变化。在选择热电偶丝材料时，应选择熔点高、饱和蒸汽压低的金属或合金，以获得测量温度高、温度范围也宽的热电偶成品。在稳定性上，要求热电势与温度之间呈线性或近似线性，选择较大的微分热电势可提高测试灵敏度，在测量范围内经过长期使用后不发生变化或在允许范围内变化。此外，要求用同样材料成分和工艺制造的热电偶其热电势均应符合分度表的规定数值，以便于大批量生产和替换，选择的热电偶丝电导率高、电阻温度系数小，具有良好的机械加工及焊接性能。常用热电偶丝材料的物理特性见表 4–1。

表 4–1　部分常用的热电偶丝材料

材料名称	适用温度/℃		熔点/℃
	长期	短期	
银	600	700	961.93
镍铝	1 000	1 200	1 341
镍硅	1 000	1 250	1 450
钨	2 000	2 500	3 422
镍铬合金	1 000	1 100	1 500
康铜	600	800	1 220
铂	1 300	1 600	1 772
锰	2 000	2 500	2 620
镍	1 000	1 100	1 455
铂铑合金	1 300	1 600	1 853

普通热电偶主要用于测量气体、蒸汽和液体介质的温度。在特殊情况下可根据使用环境选择合适的热电极材料和封装形式。根据封装方式的不同，可分为铠装热电偶及薄膜热电偶。其中，与普通热电偶相比，铠装热电偶外径可做得很小、热惯性小、动态响应好、测量端热容小，能够准确快速地测量物体的温度；铠装壳体具有相应的挠性，能够用于结构复杂装置上的温度测量。良好的机械性能使之能够适用于具有振动和冲击的设备的温度测量环境，并可在各种高温高压环境下稳定测量。薄膜热电偶是由两种金属薄膜连接而成的一个特殊结构的热电偶，其测量端小且薄，可用于微小面积的温度测量，具有良好的动态响应特性，适于瞬态温度的测量。

在发动机试验中，温度测点很多，并且受到安装条件限制，有的时候需要根据测量要求选择标准的热电偶丝现场制作。

2. 参比端处理方法

热电偶的分度表是根据参比端温度为 0 ℃时制定的，在实际使用过程中很难使参比端保持在 0 ℃。为了保证测量精度，在实践过程中需采用适当的方法对参比端加以处理。

1）参比端保持在 0 ℃

纯净的冰屑和水混合在一起，达到热平衡后即为 0 ℃，即可将参比端保持在 0 ℃。该方法使用正确则误差最小，若使用不当则可能造成严重误差。最大的误差一般发生在冰水混合不均匀。该方法一般用于试验室精密测量，在动力装置试验测量过程中，很难保证恒定在 0 ℃。可以用某些能保持在 0 ℃ 的自动恒温装置来加以代替。

2）参比端保持在非 0 ℃ 的恒定温度

采用带有温控系统的电加热恒温箱，可以达到很好的恒温效果，一般推荐使用的参比端温度要高于周围环境温度，典型值为 66 ℃。当参比端保持在某一非 0 ℃ 的恒定温度时，其测量结果与参比端为 0 ℃ 时相差一个固定值，需要进行修正，其方法有两种：

一是热电势修正法。首先按照所用热电偶的分度表，查出参比端对应的热电势，然后根据下式计算修正后的热电势：

$$E_{AB}(t, t_0) = E_{AB}(t, t_n) + E_{AB}(t_n, t_0) \quad (4-1)$$

式中，t 为测量端温度（℃）；t_n 为参比端温度（℃）；t_0 为热电偶分度时的参比端温度（℃）；$E_{AB}(t, t_0)$ 为参比端温度为 t_0、被测温度为 t 时对应的热电势；$E_{AB}(t, t_n)$ 为测量所得电势，即测量端温度为 t、参比端温度为 t_n 时对应的热电势；$E_{AB}(t_n, t_0)$ 为由分度表查出的参比端温度 t_n 所对应的热电势。

最后，由修正后的热电势 $E_{AB}(t, t_0)$ 查找热电偶分度表，求出被测温度 t 的值。

二是补偿导线法。补偿导线是由两种金属材料组成的，在一定的温度范围内它们与所配用的热电偶具有相同的热电特性，又称延长导线。如表 4-2 所示，使用补偿导线时，特定的补偿导线只能针对特定的热电偶且只能在规定的温度范围内使用。补偿导线与热电偶连接时，必须正、负极分别相对应，且两个连接点必须处于同一温度。

表 4-2 补偿导线与热电偶型号的对应关系

配用热电偶分度号	补偿导线型号	补偿导线正极		补偿导线负极	
		材料	颜色	材料	颜色
S	SC	铜	红	铜镍	绿
K	KC	铜	红	铜镍	蓝
K	KX	镍铬	红	镍硅	黑
E	EX	镍铬	红	铜镍	棕
J	JX	铁	红	铜镍	紫
T	TX	铜	红	铜镍	白

3. 感温元件的热惯性与动态误差

采用接触法测温时,都是将温度传感器与被测物体接触,利用热传导使二者的温度达到平衡来进行测量的。由于达到热平衡需要一定的时间,测温仪器并不能立即反映出被测温度,而有一段滞后时间,这就产生了动态误差。

产生动态误差的因素有:感温元件的比热、导热系数、体积和受热面积;被测介质的热容量、导热系数与流动情况;测量仪表的滞后等。在一般情况下,感温元件的热惯性影响最大。

克服动态误差的方法,一是通过理论计算和试验测量确定动态误差范围,对实际测量数据进行修正;二是采取各种可能措施,将动态误差减小到允许范围之内。

根据推导,感温元件瞬时温度 t_i(℃)与被测介质温度 t_g(℃)之间的关系用下式表示:

$$t_i = t_{i0} + (1-e^{-\tau_s/\tau})(t_g - t_{i0}) \quad (4-2)$$

式中　t_{i0}——感温元件的初始温度(℃);

　　　τ_s——时间;

　　　τ——感温元件的时间常数。

时间常数 τ 不仅与感温元件的结构、尺寸和材料有关,而且在不同的情况下感温元件的放热系数、比热和尺寸都可能不同。为减小动态误差,可选择导热系数大的材料,使用比热、密度和体积均小的感温元件,增大感温元件与被测表面的接触面积,以及采取其他增大放热系数的措施。

4. 温度传感器标定

为了保证测量温度的准确性,热电偶必须定期进行检定,通过检定求出热电偶在测温范围内的测温误差,该误差大小必须满足规定的允差范围,否则不能继续使用。我国从 1984 年正式采用 IEC 标准以来,对各种类型的标准热电偶和工作用热电偶都有相应的国家标准检定规程。下面以镍铬—镍硅热电偶为例,介绍其检定方法。

热电偶检定时所用设备及连接线路如图 4-2 所示。检定时所用设备主要有管式加热炉、冰点恒温槽、多点转换开关、直流电位差计等。

镍铬—镍硅热电偶检定时,根据热电极直径的大小选定检定点。温度可参照表 4-3 的规定。

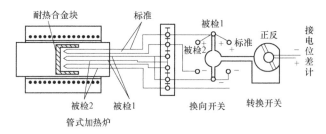

图 4-2 热电偶检定

表 4-3 热电偶检定温度点

热电偶型号	热电极直径/mm	检定点温度 t/℃
镍铬—镍硅	0.3	400 600 700
	0.5 0.8 1.0	400 600 800
	1.2 1.6 2.0 2.5	400 600 800 1 000
	3.2	400 600 800 1 000（1 200）

检定时将标准热电偶和被检热电偶（总数不超过六只）捆扎成一束放在加热炉管轴中心，测量端置于装有耐高温镍块套的最高温区。

检定时炉温由低温向高温逐点升温，在每个检定温度点下，炉温偏离检定点温度不应超过 ±10 ℃（检定工作用热电偶），待炉温升到检定点温度恒定后，从标准热电偶开始，按如下顺序依次测量各被检热电偶的热电势：

标准→被检 1→被检 2→被检 3→被检 4→被检 5
↓
标准←被检 1←被检 2←被检 3←被检 4←被检 5

每只热电偶测量时间间隔尽量短并相近，测量次数不少于 2 次，测量过程中炉温变化不得超过 0.5 ℃。

温度传感器标定的目标是加深对温差电现象的理解，了解热电偶测温的基本原理和方法，掌握热电偶标定的基本方法以测量与智能弹药相关温度参数。其中，热电偶是最为典型的温度测量传感器。

5. 热电偶安装工艺

热电偶的安装方法对测量结果起着重要作用。引起热电偶测温误差的原因有热电偶本身性能、测量仪器的精度、测量线路影响、由安装带来的误差等。精心选择性能优良的热电偶和高精度的测量仪器，并合理地连接整个电测系统，则由热电偶、测量仪器和连接线路所产生的误差相对于热电偶安装造成的误差来说是非常小的。

用热电偶测量表面温度的关键问题是至今还没有一种能保证测量出表面真实温度的比较理想的安装方法。热电偶安装到被测表面后，测量端附近的表面将通过导热把热量传递给热电极而散失到周围介质中。这样，由于沿热电极导热的影响破坏了被测表面的温度场，热电偶所指示的温度并不是被测表面的真实温度，这就产生了误差。这种误差是导热误差，可用安装系数表示。实际的测量误差与最大可能出现的误差之比，称为安装系数，用下式表示

$$Z = \frac{T_s - T_i}{T_s - T_a} \tag{4-3}$$

式中　Z——安装系数；

　　　T_s——被测表面真实温度；

　　　T_i——热电偶测得的温度；

　　　T_a——被测表面周围介质温度。

在给定工况下，Z 愈小测温准确度愈高。Z 的大小与热电偶材料、尺寸、安装方式、被测表面状态以及周围环境等因素有关。其值可由理论计算获得，但如果要求准确值，则应通过试验来确定。

辐射误差是由于热电偶测量端与周围环境之间的辐射换热，使热电偶测出的温度偏离被测表面温度而产生的误差。为了减小辐射误差，在安装热电偶时，首先应用沿等温线敷设的方法来安装热电偶。热电偶的测量端与被测表面直接接触后，热电极再沿表面等温线敷设至少 50 倍热电极直径的距离后再引离表面，热电极与被测表面用绝缘材料隔开。此外，对于导热性差的被测表面，先将热电偶的测量端与导热性能良好的集热片焊接在一起，然后再与被测表面接触。最后，热电偶安装到被测表面上后应采取绝热防护措施，以减小热电偶测量端与周围环境的传热和辐射换热带来的误差。

热电偶测量表面温度的安装方法，对于薄壁，可采用焊接、压紧和粘贴，以焊接安装为最好；对于厚壁，可用壁面开槽埋设，并用填充物（如耐热水泥、钎料等）填平，再将表面打光。发动机上通常不允许焊接或开槽，也不易压紧。所以，热电偶用于测量发动机表面温度时，最常用的安装方法是粘贴，在有的情况下也可以用压紧。

沈飞等人[1]对固体火箭发动机试验热电偶的安装工艺进行了系统的分析，如表 4-4 所示。其研究结果表明，点焊法的测温特性最好，温升响应快，测温误差小；直接粘贴法温升响应快，测温误差较大；绝缘粘贴法温升响应较慢，测温误差较大；捆绑法温升响应最慢，测温误差较大。绝缘粘贴和捆绑测温方法比较适合固体火箭发动机地面试验复杂的测试环境中使用，绝缘粘贴法适用于 300 ℃ 以内的测温范围，捆绑法适用于 700 ℃ 以内的测温范围。

表 4-4　热电偶安装工艺对比表[6]

项目	点焊法	直接粘贴法	绝缘粘贴法	捆绑法
适用范围	一般用于金属试件长期温度检测	一般用于金属或非金属试件短时温度检测	一般用于各种试件短时温度测量	一般用于较细直径的圆柱形试件温度测量
优点	测温范围大,测温响应快,无电磁干扰情况下测温精度高,安装连接可靠	测温响应快,无电磁干扰情况下测温精度高,安装快速方便,可对各种材质试件进行温度测量	对测量环境要求不高,抗干扰能力强,安装快速方便,可对各种材质试件进行温度测量	测温范围大,对测量环境要求不高,抗干扰能力强,安装较为方便,可对各种材质试件进行温度测量
缺点	安装复杂,对测量环境要求高,适用范围小	测温范围有限,安装工艺会影响测温频响,对测量环境要求高	相对点焊法测温频响低,测温范围有限制	相对前三种方法测温频响低
安装方法	对试件测温位置打磨,用丙酮棉球清洗,用热电偶焊机将热电偶测温头直接点焊到试件测温位置上	对试件测温位置打磨,用丙酮棉球清洗,用胶带或黏结剂将热电偶测温头直接粘到试件测温位置上	对试件测温位置打磨,用丙酮棉球清洗,先用胶带或黏结剂在试件上进行绝缘导热衬底,再用胶带或黏结剂将热电偶测温头直接粘到试件衬底位置上	用丙酮棉球对试件测温位置清洗,先用薄云母片将热电偶测温头包裹,再用细铁丝或专用捆扎工装将薄云母片捆绑固定在试件测温位置上
安装示意图	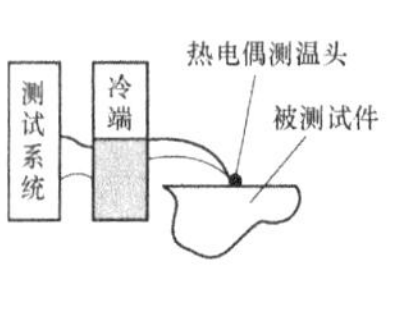 (图示)	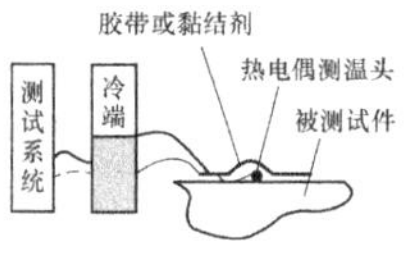 (图示)	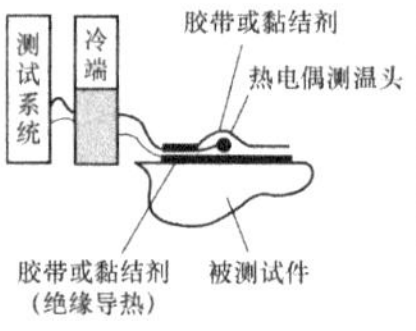 (图示)	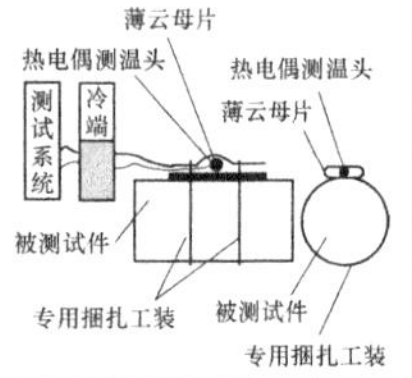 (图示)

4.1.2　红外热像仪

红外热像仪是一种典型的非接触式测温工具。对于一切物体,每时每刻都会辐射出红外线,因此可以利用红外探测器、光学成像物镜接收被测目标的红外辐射能量,将其反映到红外探测器的光敏元上,由探测器将红外辐射能转换成电信号,经放大处理、转换为物体表面温度分布相对应的红外热像图及温度分布。红外热像仪具有测温精度高、测温范围大、响应速度快、灵敏度高、与接触对象不直接接触、显示直观、测量结果可直接用配套软件分析等优点,可用于稳态和非稳态的温度场测量。由于红外热像仪具有温度灵敏度高、热图形象直观、测温范围广、不干扰被测目标、使用安全轻便等优点，使得热像仪在军事和民用方面被广泛应用。随着热成像技术的成熟及各种低成本适于民用的热像仪的问世，它在国民经济各部门发挥着越来越大的作用，它所带来的经济效益也日趋显著，从而被越来越多的人所认知和重视。红外热像仪测温原理如图 4-3 所示。

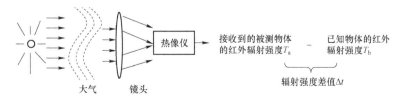

图 4-3　红外热像仪测温原理

红外热像仪属于窄带光谱辐射测温系统，所测得的物体表面温度是以测到的辐射能计算出来的。仪器接收到的被测物体表面的辐射亮度包括目标辐射、环境反射和大气辐射三部分，即

$$E_\lambda = A_0 d^{-2}[\tau_{a\lambda}\varepsilon_\lambda L_{b\lambda}(T) + \tau_{a\lambda}(1-\alpha_\lambda)L_{b\lambda}(T_u) + \varepsilon_{a\lambda}L_{b\lambda}(T_a)] \quad (4-4)$$

式中，$L_{b\lambda}(T)$ 为温度为 T 的物体的辐射功率；T 为被测物体的表面温度；T_u 为环境温度；T_a 为大气温度；α_λ 为表面吸收率；$\tau_{a\lambda}$ 为大气光谱透射率；$\varepsilon_{a\lambda}$ 为大气发射率；A_0 为热像仪最小空间张角所对应目标的可视面积；d 为该目标到测量仪器之间的距离；ε_λ 为被测物体发射率。

由式（4-4）右侧第一项可知，红外热像仪测温的最大不确定因素为被测物体发射率。物体发射率主要取决于材料的种类、材料表面状况和物体的表面温度等。

由式（4-4）右侧第二项可知，背景投向被测物体并可被反射的辐射能为第二大类影响因素。被测物体的发射率越高，背景影响越小。背景温度越高，背景影响越大。当被测物体温度与背景温度相近时，背景影响引起的误差较大。

由于物体所辐射的能量必须经过大气才能到达探测系统，在其透过大气时，会因被大气中的气体分子和尘埃吸收与散射而衰减。红外热像仪接收到的红外辐射和仪器与被测物体的距离有关，也受到大气温度和相对湿度的影响。

对于红外热像仪，其主要参数包括红外探测器的响应波长区域、探测器类型、测定温度范围、准确度、连续工作时间以及拍摄帧频等。

某弹用涡轮风扇发动机采用折流燃烧室，在火焰筒发生折流处布置了大量的发散冷却孔以保证燃烧室的稳定工作。为了研究发散冷却孔结构及分布规律对冷却效果的影响，需要通过试验测量火焰筒壁面温度。在这里采用非接触式的红外热像仪测温,可以测量得到火焰筒壁面的连续温度分布,对于改善冷却效果有着极为重要的意义。试验对象结构如图4-4所示。

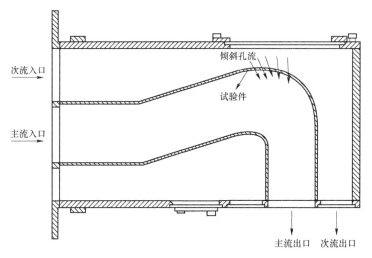

图 4-4　试验腔示意图

火焰筒壁面温度测量系统如图4-5所示。其中,高温气路由离心风机、管道加热器、热电偶、皮托管、扩散硅压力变送器、整流段等部件组成。低温冷却气路由风机、热电偶、皮托管、扩散硅压力变送器、整流段等部件和测量设备组成。高温气路中,环境空气由离心风机吸入并由管道加热器加热,经过整流段稳压后进入试验腔。冷却气路中,环境空气经过风机引入,通过变频器控制冷却气路压力,将试验所需压力的冷却空气送入整流段,经过整流段稳压后进入试验腔。冷却气体一部分进入主流通道与主流混合、一部分从次流通道排出。来流的静温由热电偶加以测量,将皮托管与扩散硅压力变送器相结合测量来流总压及静压。所建立的试验系统如图4-5和图4-6所示。

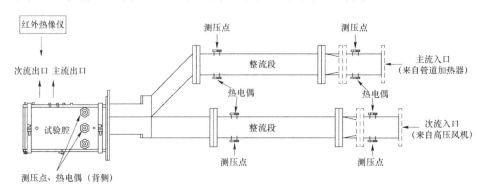

图 4-5　试验系统示意图

图 4-6　试验系统实物图

试验中，多斜孔曲面冷却的吹风比定义为：

$$M = \frac{\rho_s U_s}{\rho_m U_m} = \frac{\dot{m}_s / A_s}{\dot{m}_m / A_m} \quad (4-5)$$

式中，ρ_m、U_m、$\dot{m}_m$ 分别代表主流进口的密度（kg/m³）、速度（m/s）以及质量流量（kg/s）；ρ_s、U_s、$\dot{m}_s$ 分别代表次流进口的密度（kg/m³）、速度（m/s）以及质量流量（kg/s）；A_m、A_s 分别代表主流和次流通道的截面积。试验中保持主流的气流总压和次流气流温度不变，通过控制主流气流温度及次流气流压力来调节温度比和压力比。

火焰筒多斜孔曲面冷却效率定义为：

$$\eta = \frac{T_m - \overline{T}_{hw}}{T_m - T_s} \quad (4-6)$$

平均冷却效率定义为：

$$\overline{\eta} = \frac{T_m - \overline{T}'_{hw}}{T_m - T_s} \quad (4-7)$$

式中，T_m 是主流入口气流温度；$\overline{T}_{hw}$ 是在试验件热侧壁面上作出一系列垂直流动方向的线段，并对线段上的壁温做平均的平均温度；$\overline{T}'_{hw}$ 是曲面段热侧平均温度；T_s 是次流进口气流温度。

本节选取倾斜角 α=25°、偏转角 β=30° 的顺排试验件，在主流温度 600 K 条件下，进行不同吹风比条件下的火焰筒多斜孔曲面冷却特性试验，具体试验工况如表 4-5 所示。

表 4-5　火焰筒多斜孔曲面冷却特性试验工况

M	主流质量流量/（kg·s⁻¹）	次流质量流量/（kg·s⁻¹）	主流温度/K	次流温度/K
0.9	0.007 5	0.006 4	770	295
1.2	0.007 5	0.011 2	770	295
2.2	0.007 5	0.015 8	770	295
2.6	0.007 5	0.018 8	770	295
3.8	0.007 5	0.027 4	770	295

图4-7是红外热像仪拍摄的不同吹风比条件下的试验件曲面热侧壁面温度分布,随着吹风比增加,热侧壁面最高温度和最低温度降低,平均温度也随吹风比增加而降低。吹风比 M=3.8 时,热侧壁面平均温度比主流温度低252 K,这说明次流对壁面是具有冷却作用的。次流通过多斜孔在热侧形成冷却气膜层,将主流热气和热侧壁面隔开,降低主流热气对壁面的加热,同时在冷却气流经过多斜孔和流过热侧壁面时通过对流换热带走热量。随着吹风比增大,冷却气膜层变厚,隔热能力增强,对流换热带走热量能力增强,整体冷却效率提高。

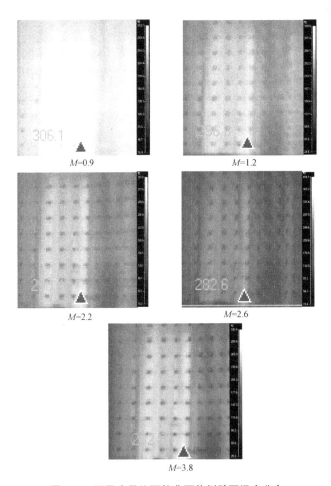

图 4-7 不同吹风比下的曲面热侧壁面温度分布

4.2 速度场测量

4.2.1 热线风速仪

热线风速仪是将流速信号转变为电信号的一种测速仪器，也可测量流体温度或密度，通常与 A/D 板、相应的分析软件组成一整套完整系统，如图 4-8 所示。

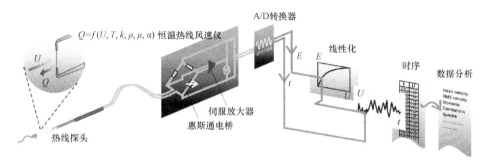

图 4-8 热线风速仪测速系统

将直径为微米级、长度为毫米级的铂钨丝的两头焊在支架上制作成热线探头。当通电时，铂钨丝发热，温度高于周围介质的温度，介质流过探头时带走一部分热量，于是热线的温度随流速的大小而变化。

除去极小的流速外，可以认为热线的热损失主要是与强迫对流有关，也即损失的热量主要是被气流所带走。

在强迫对流的情况下流过无限长圆柱的热损失方程可用如下无量纲参数加以表示：

$$Nu = A + B\sqrt{Re}$$

式中，Re 为雷诺数；A、B 为校正常数；Nu 为努赛尔特数，这里定义为

$$Nu = \frac{Q}{\pi \lambda l (\theta_w - \theta)}$$

式中，λ 为流体的热传导系数；θ 为温度；Q 为热量；下标 w 表示属于热线探头的参数。

写成有量纲形式，为

$$Q = \pi \lambda l (\theta_w - \theta)(A + B\sqrt{Re})$$

对于已知的流体介质和探头，λ 和 l 都是常数，可以放到常数 A、B 中去，于是

$$Q = (\theta_w - \theta)(A + B\sqrt{Re})$$

电流通过探头所提供的热量为

$$Q_1 = I_w^2 R_w$$

式中，R_w 为探头的电阻；I_w 为通过探头的电流。根据热平衡原理，当达到平衡状态时，气流带走的热量应等于电流对金属丝所加的热量，即 $Q=Q_1$，于是有

$$I_w^2 R_w = (\theta_w - \theta)(A + B\sqrt{Re})$$

金属丝的电阻与温度之间有下列关系

$$R_w = R_f[1 + \alpha_f(\theta_w - \theta_f)]$$

式中，α_f 是温度为 θ_f 时热线材料的电阻温度系数；下标 f 表示属于流体介质的参数。因此

$$\theta_w - \theta_f = \frac{R_w - R_f}{\alpha_f \cdot R_f}$$

所以

$$\frac{I_w^2 R_w}{R_w - R_f} = \frac{1}{\alpha_f \cdot R_f}(A + B\sqrt{Re}) \quad (4-8)$$

同样，若给定探头和流体介质，则许多参数为常数可以归并到常数 A、B 中去，式（4-8）则可写为

$$\frac{I_w^2 R_w}{R_w - R_f} = A + B v_\infty^{0.5} \quad (4-9)$$

式（4-9）就是用热线风速仪测量风速的基本关系式。当保持热线电阻 R_w 恒定时，电流 I_w 和风速 v_∞ 有一一对应的关系，这就是恒温式热线风速仪的测速原理。把式（4-9）化成电压 E 与风速 v_∞ 之间的关系有：

$$E^2 = A + B v_\infty^2$$

热线风速仪工作模式分为恒流式及恒温式。其中，恒流式保持通过热线的电流不变，温度变化时，热线电阻改变，因而两端电压变化，由此测量流速，利用风速探头进行测量。风速探头为一敏感部件，当有一恒定电流通过其加热线圈时，探头内的温度升高并于静止空气中达到一定数值。此时，其内测量元件热电偶产生相应的热电势，并被传送到测量指示系统，此热电势与电路中产

生的基准反电势相互抵消，使输出信号为零，仪表指针也能相应指于零点或显示零值。若风速探头端部的热敏感部件暴露于外部空气流中时，由于进行热交换，此时将引起热电偶热电势变化，并与基准反电势比较后产生微弱差值信号，此信号被测量仪表系统放大并推动电表指针变化，从而指示当前风速或经过单片机处理后通过显示屏显示当前风速数值。

恒温式热线风速仪是利用反馈电路使风速敏感元件的温度和电阻保持恒定。当风速变化时则热敏感元件温度发生变化，电阻也随之变化，从而造成热敏感元件两端电压发生变化，此时反馈电路发挥作用，使流过热敏感元件的电流发生相应的变化，而使系统恢复平衡。上述过程是瞬时发生的，所以速度的增加就好像是电桥输出电压的增加，而速度的降低也等于是电桥输出电压的降低。

现以恒温式热线风速仪为例来说明它的工作原理（图 4-9）。把探头接在风速仪电路中电桥的一臂，探头的电阻记为 R_p，其他三臂的电阻分别为 R_1、R_2 和 R_b。其中 $R_1=R_2$，R_b 为一可调的十进制精密电阻。此时，要求热线探头的电阻温度系数很大，而相反的却要求 R_1、R_2 和 R_b 的电阻温度系数很小。

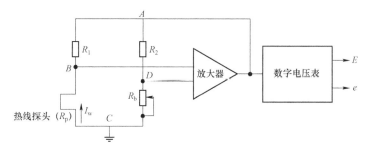

图 4-9 热线风速仪电路原理图

在电桥 AC 两端加上电压 E，当电桥平衡时，BD 间无电位差，此时，没有信号输出。当探头没有加热时，探头的电阻值 R_f 叫作冷电阻，各个探头有其不同的冷电阻值。测试时，把一个未知电阻值的探头接入桥路中，调节 R_b 使电桥平衡，这时十进位电阻器 R_b 上的数值就是冷电阻的数值，即为 R_f。按照所选定的过热比调节 R_b，使它的数值高出 R_f，一般推荐值为 $1.5R_f$。这时，仪器中的电路能自动回零反馈，使 I_w 增加，从而使热线探头的温度升高、电阻增大，一直达到 $R_w=R_b$ 为止，这时热线上的温度已升高到 θ_w，θ_w 高于流体介质的温度 θ_f。

由于气流流过探头带走了热量，因而热线温度 θ_f 降低，流速越大，探头热损失就越大。系统为了维持热线温度不变,即电阻值不变,流经热线探头的电流 I_w 就将自动增大,因而电压 E 增大,这样,就可建立起电压 E 与流速 v_∞ 之间的关系。

标准的热线探头由两根支架张紧一根短而细的金属丝组成。金属丝通常用铂、铑、钨等熔点高、延展性好的金属制成。根据不同的用途,热线探头还做成双丝、三丝、斜丝及 V 形、X 形等。为了增加强度,有时用金属膜代替金属丝,通常在一热绝缘的基体上喷镀一层薄金属膜,称为热膜探头。

换热量:
$$Q_c = Nu \cdot A \cdot (T_w - T_a)$$

式中,T_w 为流体温度,T_a 为探头温度;Nu 数为

$$Nu = hd/(kf) = f(Re, Pr, M, Gr, \alpha)$$

由上式可知,任何可能改变换热系数的因素都会引起测量误差。这其中包括环境温度改变、边界条件改变以及探头周围涡流的耗散等系统因素以及如流体中的污染物粒子、水中空气泡以及探头振动等非系统因素。

4.2.2 激光多普勒测速

激光多普勒测速仪对流场的测量是非接触式的,不会干扰流动。激光多普勒测速计是利用多普勒效应来测量流体或固体运动速度的一种仪器。由于多普勒效应,辐射源和接收器之间的相对运动会产生辐射频率的变化。当光源相对接收器没有运动,但光路某处光源被运动目标散射时也会产生类似的多普勒频移。因此,只要测出与流体一起运动的微粒对激光束散射的多普勒频移,就可以测出流场中该点的速度。

在实际的激光多普勒测速过程中,发生了两次多普勒效应。第一次多普勒效应发生在静止的光源和运动的粒子之间,由于光源静止,粒子运动,因而运动的粒子所接收到的光频与静止光源所发出的光频不同,从而产生一个频移。第二次多普勒效应是发生在运动粒子和接收器之间,静止的接收器所接收到的散射光频与运动粒子所发出的光频之间也存在一个频移。下面简单概述一下速度与频移的关系。

如图 4-10 所示,首先由静止的激光器 O 中发出频率为 f_o 的光波,运动粒子 P 以速度 $\vec{V}$ 穿过光束,则在光的传播方向 $\vec{e}_o$ 上,粒子与光源有相对运动,这就产生了多普勒效应。根据洛伦兹公式,粒子 P 所接收到的光频 f' 为:

$$f' = f_o \left(1 - \frac{\vec{V} \cdot \vec{e}_o}{c}\right) \bigg/ \sqrt{1 - \left(\frac{\vec{V} \cdot \vec{e}_o}{c}\right)^2} \qquad (4-10)$$

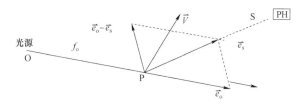

图 4-10 多普勒测速原理

通常流体中粒子的速度 $\vec{V}$ 远远小于光速 c，则高次项 $\left(\dfrac{\vec{V}\cdot\vec{e}_o}{c}\right)^2 \approx 0$，于是式（4-10）可以简化为

$$f' = f_o\left(1 - \dfrac{\vec{V}\cdot\vec{e}_o}{c}\right) \quad (4\text{-}11)$$

其次在运动着的粒子 P 和静止的接收器 S 之间也有多普勒效应，假定 $\vec{e}_s$ 是由粒子指向接收器 S 的向量，则根据洛伦兹公式，接收器 S 接收到的散射光频率为

$$f_s = f'\left(1 + \dfrac{\vec{V}\cdot\vec{e}_s}{c}\right) \Big/ \sqrt{1 - \left(\dfrac{\vec{V}\cdot\vec{e}_s}{c}\right)^2} \quad (4\text{-}12)$$

因为 $\vec{V} \ll c$，所以式（4-12）可简化为

$$f_s = f'\left(1 + \dfrac{\vec{V}\cdot\vec{e}_s}{c}\right) \quad (4\text{-}13)$$

将式（4-11）代入式（4-13）得

$$\begin{aligned} f_s &= f_o\left(1 - \dfrac{\vec{V}\cdot\vec{e}_o}{c}\right)\left(1 + \dfrac{\vec{V}\cdot\vec{e}_s}{c}\right) \\ &= f_o\left(1 + \dfrac{\vec{V}\cdot\vec{e}_s}{c} - \dfrac{\vec{V}\cdot\vec{e}_o}{c} - \dfrac{(\vec{V}\cdot\vec{e}_o)\times(\vec{V}\cdot\vec{e}_s)}{c^2}\right) \end{aligned}$$

忽略高次项后得到

$$f_s = f_o\left[1 + \dfrac{\vec{V}(\vec{e}_s - \vec{e}_o)}{c}\right] \quad (4\text{-}14)$$

从式（4-14）可以看出，只要已知入射方向 $\vec{e}_o$、接收方向 $\vec{e}_s$ 和入射光频 f_o 就可以计算出速度 V。但是在实际应用中 f_s 值太高，现有的探测器无法探测到它，而只能探测到它与光源频率之间的差值——多普勒频移 f_d，即

$$f_d = f_s - f_o$$
$$= \frac{f_o \cdot \vec{V}(\vec{e}_s - \vec{e}_o)}{c}$$
$$= \frac{\vec{V}(\vec{e}_s - \vec{e}_o)}{\lambda} \quad (4-15)$$

本试验采用了这种多普勒频移技术,如图 4-11 所示。设频率为 f_o 的两束光分别沿着 $\vec{r}_{i1}$ 和 $\vec{r}_{i2}$ 的入射方向相交于 P 点,$\vec{r}_{i1}$ 与 $\vec{r}_{i2}$ 的夹角为 2θ。当运动着的粒子通过 P 点时,粒子相对于两束光的运动速度不同,则粒子对两束光的散射光频也不同。由式(4-15)可知,接收器接收到的两束光的多普勒频移分别为:$f_{d1} = \frac{\vec{V}(\vec{r}_s - \vec{r}_{i1})}{\lambda_i}$ 和 $f_{d2} = \frac{\vec{V}(\vec{r}_s - \vec{r}_{i2})}{\lambda_i}$。两束光的多普勒频移信号在接收器上混频后,接收器接收到的散射光频差为:

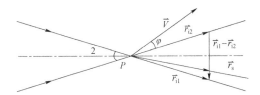

图 4-11 双光束散射光路图

$$f_d = f_{d2} - f_{d1} = \frac{\vec{V}(\vec{r}_s - \vec{r}_{i2})}{\lambda_i} - \frac{\vec{V}(\vec{r}_s - \vec{r}_{i1})}{\lambda_i} = \frac{\vec{V}(\vec{r}_{i1} - \vec{r}_{i2})}{\lambda_i} \quad (4-16)$$

由图 4-11 可以看到 $\vec{V}$ 与 $(\vec{r}_{i1} - \vec{r}_{i2})$ 向量的夹角为 $\varphi + \theta + \pi/2$。这样式(4-16)可简化为

$$f_d = \frac{|\vec{V}| \cdot |\vec{r}_{i1} - \vec{r}_{i2}| \cdot \cos(\varphi + \theta + \pi/2)}{\lambda_i}$$
$$= \frac{V \cdot 2\sin\theta \cdot \cos(\varphi + \theta + \pi/2)}{\lambda_i} \quad (4-17)$$

由式(4-17)可以看出,当 $\varphi + \theta = \pi/2$ 时,即粒子速度与矢量差 $(\vec{r}_{i1} - \vec{r}_{i2})$ 同向或反向时,接收器接收到的频移最大,即

$$f_d = \frac{V \cdot 2\sin\theta}{\lambda_i} = k \cdot V \quad (4-18)$$

由上所述,给定 θ 角和波长后,多普勒频移与速度呈线性关系,这样只要测得两束散射光的频移,就可得到其速度分量。这就是激光多普勒测速的基本原理。

在如图 4-12 所示的试验系统中对某燃气轮机燃烧室火焰筒速度分布加以测量。其中，激光多普勒测量系统由激光器、光学透镜系统、计数器、示波器和一台微机组成。

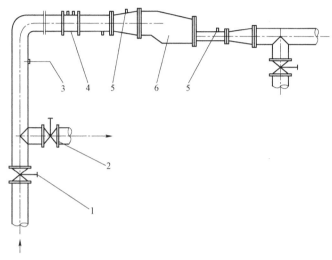

图 4-12　试验设备示意图

1—进气阀门；2—旁路放气阀门；3—温度计；4—节流孔板流量计；
5—总压探针；6—试验件

试验采用的 LDV 测量系统为 TSI 公司生产的二维、双色后置式接收的氩离子激光测速仪，其光路如图 4-13 所示。

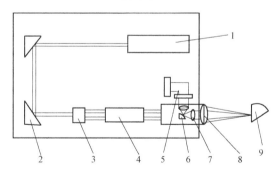

图 4-13　氩离子激光测速仪光路图

1—激光器；2—反光镜；3—分光镜；4—布拉塞尔元件；5—光电接收器；
6—反光镜；7—接收器聚焦透镜；8—透镜；9—试验件

氩离子激光器发出的光经分光镜分成蓝光（λ=488 nm）和绿光（λ=514.5 nm），然后，绿光束又被分光镜在水平面上分成两束光，蓝光束则在垂直面上分成两束光，如图 4-14（a）所示。四光经聚焦透镜聚焦后在空间相交于一点，在空间里形成互相垂直的蓝光条纹和绿光条纹，如图 4-14（b）所示。

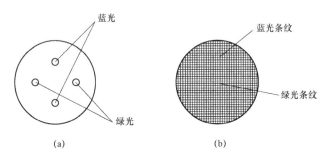

图 4-14　氩离子激光器发出光径分光镜示意图
（a）分光示意图；（b）干涉条纹示意图

在绿光和蓝光的光路上还分别安装了布拉塞尔调制器，使激光产生频移，以保证对逆向速度的测量。在光探测器前加窄带滤色片，将蓝光和绿光产生的多普勒频移完全分离，以便能分别进行测量。整个光路系统置于一个升降平台上，升降平台由伺服电动机驱动，该平台可以进行三维移动，如图 4-15 所示。

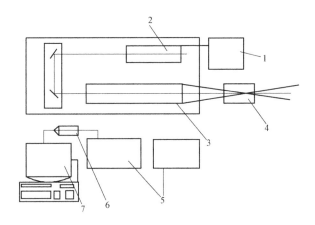

图 4-15　LDV 测量系统图
1—电源；2—激光管；3—光路系统；4—试验件；
5—数据采集系；6—接口；7—数据采集微机

系统所使用的计数型处理器主要通过记录粒子穿过测量交点的距离和对应的时间来测量速度。计算公式如下：

$$V = \frac{nd}{\Delta t}$$

式中，d 为条纹间距；n 为设定的穿越条纹数；Δt 为穿越 n 条条纹所需要的时间。

LDV 测速仪本质上是利用检测流体中跟随流体一起运动的小微粒的散射光来测定流速的，因此，示踪粒子的施放是非常重要的。首先，所施放的粒子直径不能太大，以便它能很好地跟随流体运动，而且也不致在流体中发生沉降，这样才能用测得的微粒的速度特性来代替流体的速度特性。其次，所施放的粒子又不能太小，必须有足够大的尺寸以满足产生较强的散射信号，获得高的信噪比。此外，施加的示踪粒子也不得干扰流场。粒子投放的常用方法有：蒸汽凝结、粉末流化、压力雾化和化学反应法等。试验由二台压气机提供气源，通过管道与试验段连接，在管道中气体具有一定的压力。因此，必须用高于管道中压力的压力才能将示踪粒子投入管道中。开始时，曾试着采用具有较高压力的粒子播撒器在喷嘴中投放粒子，但是由于喷嘴的出口面积非常小，粒子经喷嘴进入火焰筒后已非常微弱，不足以产生足够强的信号供激光用来采集数据。粒子播撒器采用经空压机雾化后产生散射状粒子。该粒子的散射性和示踪性很好，它所提供的压力较低，压力大小容易控制。粒子施放图如图 4-16 所示。

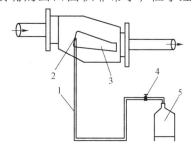

图 4-16 粒子施放示意图
1—粒子施放管道；2—粒子施放口；
3—测量窗口；4—压力控制开关；
5—粒子投放器

试验中对如图 4-17 所示的火焰筒试验件 0°、7.5° 和 12.5° 三个截面的速度进行了测量。在每个截面上布置了若干测量点，测量点的轴向间距为 3～20 mm。

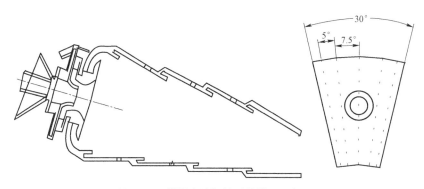

图 4-17 燃烧室流场的测量截面示意图

由于石英玻璃的折射率与空气的折射率不同，当光束穿过玻璃后其传播方向将发生偏转，这会改变两束光交点的位置和光束间的夹角，如图 4-18 所示。

多普勒频移与条纹间距和两束光的夹角有关，其关系式为：

$$f_D = V/d = \frac{2V\sin\theta}{\lambda} \quad (4-19)$$

如果两束光穿过石英玻璃后其交点的条纹间距发生变化，则在测速时应该按变化后的条纹间距来计算速度 V，下面推导的是在本次试验中光束交点穿过石英玻璃前后其条纹间距的变化关系：

$$N_A \cdot \sin k_A = N_W \cdot \sin k_W = N_f \cdot \sin k_f$$

式中　N_A——空气的折射率，$N_A = 1$；

N_W——石英玻璃的折射率，$N_W = 1.544\ 3$；

N_f——被测流体的折射率，$N_f = N_A = 1$。

设两束光的交点未穿过石英玻璃时，其条纹间距为：$d = \dfrac{\lambda_A}{2\sin k_A}$。

两束光的交点穿过石英玻璃后时，其条纹间距为：$d_f = \dfrac{\lambda_f}{2\sin k_f}$。

因为 $\sin k_f = \dfrac{\sin k_A}{N_f}$，$\lambda_f = \dfrac{\lambda_A}{N_f}$，所以 $d_f = \dfrac{\lambda_f}{2\sin k_f} = \dfrac{\lambda_A / N_f}{2\sin k_A / N_f} = \dfrac{\lambda_A}{2\sin k_A} = d$。

由以上推导可知，两束光交点的条纹间距在穿过石英玻璃前后并没有发生变化。因此，在整个测量过程中，条纹间距始终保持常数不需要修正。

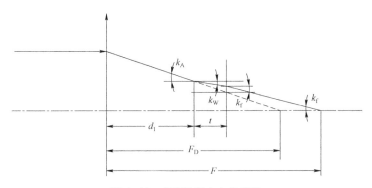

图 4-18　光束传播方向的偏移

在整个测量过程中，必须保证光束的交点始终处于被测量的截面上。如前所述，当光束穿过石英玻璃后，由于折射的原因两束光的传播方向会发生改变，使交点的位置发生改变。从图 4-18 中可以推导出透镜到交点的距离的计算公式 F：

$$F = F_D \frac{\tan k_A}{\tan k_f} + t\left(1 - \frac{\tan k_W}{\tan k_f}\right) + d_1\left(1 - \frac{\tan k_A}{\tan k_f}\right) \quad (4-20)$$

式中　F——透镜到交点的实际距离；

　　　F_D——透镜的焦距；

　　　d_1——透镜中心到窗口的距离；

　　　t——玻璃厚度。

在本试验中，$k_f = k_A$，则

$$F = F_D + \tan\left(1 - \frac{\tan k_W}{\tan k_A}\right) \quad (4-21)$$

式（4-21）为透镜中心到光线经折射后的交点的实际距离 F 的数学表达式。由于此试验入射光与玻璃的夹角是不变的，因此，F 为一固定常数。这样便可以在试验件任意截面上确定一个基准点，调整入射光交点与基准点重合，并记录下坐标位置。其他测量点按其与基准点的相对位置移动坐标架即可测量，这就确保了每个测量点都在所测的截面上。

激光多普勒速度计是采用统计平均的方法来测量紊流流场速度的。本试验的 LDV 测速仪在每一测量点均采集 256 个瞬时速度信号，并对这 256 个值进行统计处理得到该点的速度值。由于紊流流场的脉动很大，这 256 个速度信号并不完全均匀一致，有时偏差较大。因此需要对每一测量位置的速度概率直方图进行分析处理，将偏差较大的速度信号删除。

燃烧室气流速度分量 u 的激光测试结果与计算结果的比较见图 4-19～图 4-21，图中 $\theta = 12.5°$、$7.5°$ 和 $0°$ 的截面（位置见图 4-17），分别与流场计算中 $K = 5$、9 和 17 的截面对应，各截面中的测量位置 a、b、c 和 d 距燃烧室出口的距离分别为 18 mm、37 mm、78 mm 和 108 mm。从图中可以看出，位置 a 和 b 上的速度分布试验与计算符合较好，特别是在 $\theta = 0°$ 的截面上符合良好（图 4-21）。在旋流器出口周围，位置 d 和 c 上试验结果与计算结果差别较大，特别是在位置 c 上试验与计算有明显差别，计算的速度 u 为正值，测量的速度为负值，说明计算的回流区长度较试验值短。在旋流器出口区域，计算与试验差别较大的原因为，一是旋流器的出口速度是根据气流流量和旋流数估算的，与实际情况有一定差距；二是计算中采用了标准 k-ε 双方程紊流模型，该模型计算的回流区长度通常较短。

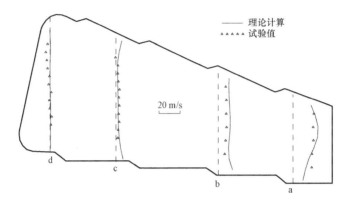

图 4-19 燃烧室 $\theta=12.5°$ 截面的 u 速度分布比较图

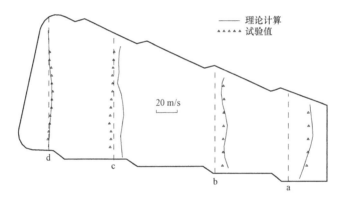

图 4-20 燃烧室 $\theta=7.5°$ 截面的 u 速度分布比较图

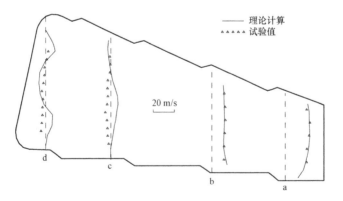

图 4-21 燃烧室 $\theta=0°$ 截面的 u 速度分布比较图

4.2.3 粒子图像测速

粒子图像测速（Particle Image Velocimetry，PIV）技术是随计算机技术、激光技术、计算机图像处理和高速摄影技术的发展，于20世纪80年代初发展起来的一种速度测量技术，是一种基于流场图像互相关分析的非接触式二维流场测量技术[2]，是流场显示技术的新发展。它是综合了单点测量技术和显示测量技术的优点，克服了两种测量技术的弱点而成的，既具备了单点测量技术的精度和分辨率，又能获得平面流场显示的整体结构和瞬态图像[3]。PIV产品也已经走向市场，美国TSI公司、Aerometrics公司和丹麦Dantec公司等均有成套产品推出[4]。该技术目前在各领域应用非常广泛，是目前国际上已普遍认可的极有发展前景的流场测试手段之一。PIV与其他测量方法相比具有以下优点：以非接触方式测量流体的瞬时速度场，不干扰被测流场。能测得瞬时全场速度信息，可以将整个流场成像并将流场的全部速度矢量进行细致的描述，使人们对整个流场有一个全面的认识。空间分辨率高、测量结果精度高。

国内外采用PIV技术对燃烧室内速度分布进行了一系列的研究。其中，唐军等人[5]采用斜切径向双级旋流器的环形燃烧室单头部矩形模型如图4-22、图4-23所示，利用PIV测量了主燃区的300 K冷态速度场。试验研究结果表明，瞬态流场结构变化剧烈，旋流和主燃射流的边界形成大量漩涡结构，回流区下游滞止点位置是随机变化的，反映了回流区强烈的搅拌作用，平均流场结构光滑，回流区为非对称结构；反向旋流器比同向旋流器产生的回流区尺寸更小，长度更短，燃烧状态的回流区尺寸比冷流状态小，但相差不大，回流区尺寸主要受火焰筒壁面和主燃射流的约束，反向旋流器能够形成更均匀的流场结构。

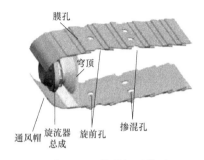

图 4-22　线性矩形模型

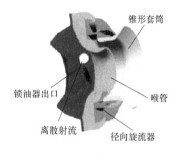

图 4-23　双级旋流器的几何特性

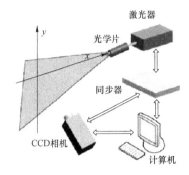

图 4-24 双环旋流器测量流程

邓远灏等人[6]对双环旋流多点燃油直接喷射头部的贫油预混预蒸发低污染燃烧室进行了研究，其测量流程如图 4-24 所示。由进口扩压段、进口测量段、LPP 燃烧室及出口 PIV 测量段等部件组成。LPP 燃烧室内火焰筒头部装有带双环旋流多点燃油直接喷射头部；PIV 测量段由夹层水冷段组成，可有效降低排气的温度，保护其端部的光学玻璃。为防止燃烧火焰发光对测量结果的影响，采用通过波长为 532 nm，波宽为 5 nm 的红外截止滤光片对火焰强光进行屏蔽。PIV 片光源激光器由光臂产生的一束平面光从 PIV 测量段的夹层水冷段端部光学玻璃射入燃烧室流场内，在燃烧室侧面布置与激光平面成 90° 的高速相机，记录散射粒子图像。在进口温度为 432 K 条件下，对冷态流场与喷雾燃烧流场进行比较，研究不同进口空气流量和油气比对燃烧流场的影响，试验所用燃料为 RP-3 航空煤油。试验结果表明，在相同进口试验条件下，喷雾燃烧流场冷态相比差异非常大，喷雾燃烧时其流场回流区长度比冷态更短，但回流区内漩涡的对称性较强，轴向速度明显高于冷态时轴向速度。冷态及喷雾燃烧流场中涡量和切应变率分布大致相同，数值有一定差异，并且在回流区内喷雾燃烧时湍流强度随着轴向距离的增加稍有增强，而冷态流场中湍流强度在回流区内随着轴向距离的增加而减弱。在相同进口流量和温度下，随着进口油气比的增加，燃烧温度增高，气流速度增大，逆压梯度增强导致燃烧流场的回流区宽度变宽，而回流区长度变短。在相同进口油气比和温度时，随着进口空气流量的增加，进气旋流速度增加，导致燃烧流场回流区被压扁，涡心靠得更近，回流区变得更长。

王志凯等人[7]为了研究受限空间内三级旋流器流场特征和对应的燃烧性能，对不同方案三级旋流器开展了试验，分析贴壁流场和锥形流场特性及其对火焰形态、燃烧室性能指标的影响。速度场测试系统如图 4-25 所示。空气流场测试采用德国 LaVision 公司的 PIV 测量仪（图 4-26（a）），主要包括激光器、相机、同步控制系统、计算机等，其中 YAG 激光器的功率为 200 mJ，频率为 15 Hz，相机分辨率为 2 048 像素×2 048 像素，曝光时间间隔为 3 μs，速度测量精度为 3%。采用液态植物油作为示踪粒子，粒径范围为 1～5 μm，试验时进口总温为常温，旋流器进出口空气压差为 3 000 Pa，进口压力波动 < ±50 Pa。油雾场和雾化性能测试采用喷雾测试试验系统（图 4-26（b）），主要由供油系统、供气系统、激光器、光信号接收系统、照相机以及控制计算机等组成。燃

烧试验系统（图 4-26（c））主要包括空压机、测试系统、供油系统、控制系统、数据采集系统和排气系统等，燃烧室单头部试验件主要由旋流器、火焰筒、燃油喷嘴、机匣、电嘴等组成。

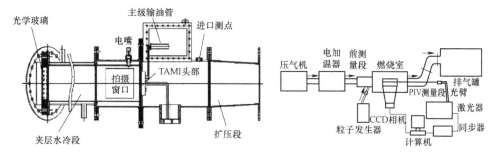

图 4-25 速度场测试系统组成

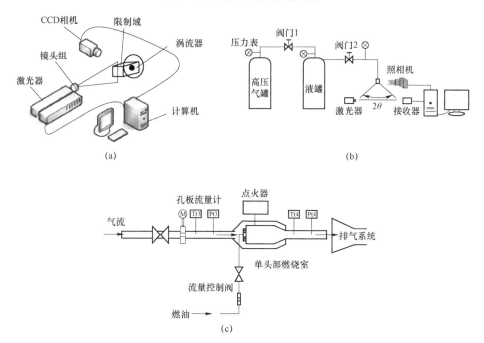

图 4-26 测试采用的系统
（a）PIV 系统；（b）喷雾测试系统；（c）燃烧试验系统

1. PIV 系统组成

PIV 测试系统主要由光路系统、图像采集系统、同步控制及图像处理系统等部分组成，如图 4-27 所示。

光路系统主要包括连续或脉冲激光器、光传输系统和片光源光学系统。光路系统的主要作用是将测试时激光器发出的激光束变成片光源并传输到测量区照亮被测流场。

图像采集系统主要由电荷耦合器件（Charge Coupled Device，CCD）作为图像传感器，也称为"数字摄影机"。它是利用感光二极管（Photodiode）进行光电转换，把光学影像转化为数字信号。CCD上植入的微小光敏物质称作像素（Pixel）。一块CCD上包含的像素数越多，其提供的画面分辨率也就越高。CCD的作用就是把图像像素转换成数字信号，然后通过专用的PCI接口卡将由CCD所获取的电子数字信号传输给计算机，在计算机上再现所拍摄的原图像。

同步控制器控制激光的触发间隔时间、控制激光播撒器和CCD的工作时间同步，当激光播撒器工作时，同步器同时控制CCD对测量区域的图像进行记录。

图像处理系统包括帧抓取器和分析显示软件。CCD获取的测量区域的图像传给计算机后，帧抓取器将粒子图像数字化，并将连续图像存储到计算机的内存中。分析软件采用一定的图像处理算法对原图像进行还原，可得到测试区域的测量图像，采用二维快速傅里叶变换，通过实现互相关函数的计算，并利用速度的基本定义，测量质点在已知时间间隔内的位移，来实现对质点速度的测量；再通过对多个质点进行跟踪测量，实现二维流速分布测量，从而形成流场分布图。

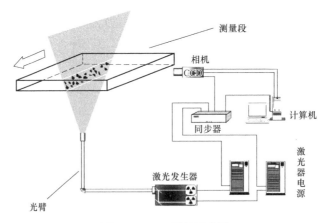

图 4-27　PIV 系统组成图

2. 测速原理

PIV 测速基本原理是在流场中散播示踪粒子，用脉冲激光片光源照射所测流场区域，通过连续两次或多次曝光，粒子的图像被记录在底片上或 CCD 相机上，摄取该区域粒子图像的帧序列，并记录相邻两帧图像序列之间的时间间隔，进行图像互相关分析，识别示踪粒子图像的位移，逐点处理图像，从而得到流体的速度场分布。如图 4-28 所示，通过对粒子影像的查询处理，确定粒子两次成像的位移量 Δx、Δy。由于激光器发生两次脉冲的时间间隔是已知的，这样就可以得到粒子的运动速度。

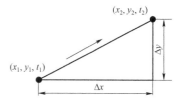

图 4-28　PIV 测速原理示意图

$$u = \lim_{t_2 \to t_1} \frac{x_2 - x_1}{t_2 - t_1} = \lim_{t_2 \to t_1} \frac{\Delta x}{\Delta t} \quad (4-22)$$

$$v = \lim_{t_2 \to t_1} \frac{y_2 - y_1}{t_2 - t_1} = \lim_{t_2 \to t_1} \frac{\Delta y}{\Delta t} \quad (4-23)$$

在实际应用中，对粒子图像进行分析时总是将图像分割成大小适中的询问区域，利用图像处理算法求得粒子图像在已知时间间隔内的位移 ΔX 和 ΔY，由粒子图像和实际流场的放大系数 M 即可算出实际流场中对应区域的位移，进而得出速度。其计算公式为：

$$\Delta x = \frac{1}{M} \Delta X , \quad \Delta y = \frac{1}{M} \Delta Y , \quad u = \frac{\Delta x}{\Delta t} \times 10^3 , \quad v = \frac{\Delta y}{\Delta t} \times 10^3$$

式中，Δx、Δy 为流场中粒子实际位移（mm）；ΔX、ΔY 为粒子图像位移（pixel）；M 为比例系数（pixel/mm）；Δt 为片光源时间间隔（μs）；u、v 为 x 和 y 方向速度（m/s）。

在 PIV 测量过程中，由于各种因素（包括光学系统变形、噪声等）的存在，会对 PIV 的测试精度产生重大影响，因此必须对测量的图像进行复原、增强和降噪。

（1）粒子图像复原：图像在形成、传输和记录的过程中，由于镜头等光学系统的变形、像差、成像设备与流场之间的相对运动等而造成图像退化，图像退化必然会降低 PIV 的测试精度，因此应该在计算速度矢量场之前对图像进行复原操作。所谓图像复原，是在研究图像退化原因的基础上，以被退化的图像为依据，根据某些先验知识，设计一种数学模型（或选择一种算子），从而估算出理想像场的一类操作。

（2）粒子图像增强：在 PIV 测试中，为了突出图像中重要的信息，同时减弱或去除不需要的信息,并提高图像的可读性,就有必要采用空域法或频域法等图像增强技术来增强示踪粒子的显示,使其能够突出显示出来,以减小测试中的误差。

(3)降噪:在 PIV 的测量过程中,由于系统外部电磁波的干扰、光电粒子的运动、电器的机械运动,以及系统内部设备、摄像机、元器件材料本身等因素的影响,会产生一种对测量结果有一定影响的多维随机变量。为了减小 PIV 测试中的试验误差,提高 PIV 的测试精度,对粒子图像做互相关分析就必须进行降噪处理。

为了得到流速分布的细节情况,散播在流场中的示踪粒子的粒径应该非常小、浓度应该足够大,使得采集到的图像有足够的流场信息。但这样就很难从两幅图像中分辨同一个粒子,也就无法获得所需的相对位移。利用互相关分析理论,可以轻松地解决这个问题。

PIV 技术中的二维互相关分析需要求图像(信号)序列的二维互相关函数。下面将对其做简单的介绍。

如图 4-29 所示,图 4-29(a)是 t_1 时刻测量区域内示踪粒子的分布图像,图 4-29(b)是 t_2 时刻测量区域内示踪粒子的分布图像,假设从很短的时间间隔 $\Delta t=t_2-t_1$ 内,某一区域的示踪粒子在两个方向上的位移为($\Delta x, \Delta y$),如果 t_1 时刻的流场图像表示为 $p(x,y)=I(x,y)+n_1(x,y)$,在时间间隔 Δt 足够小的情况下,可以认为流场内的相对变化并不剧烈,那么,$t_2=t_1+\Delta t$ 时刻的流场图像就可以表示为 $q(x,y)=I(x+\Delta x, y+\Delta y)+n_2(x,y)$。其中 $n_1(x,y)$ 和 $n_2(x,y)$ 为图像系统中的随机噪声。计算 $p(x,y)$ 和 $q(x,y)$ 的互相关函数 $R(\tau_x, \tau_y)$,并假定噪声 $n_1(x,y)$ 和 $n_2(x,y)$ 与有效图像函数 $I(x,y)$ 在统计意义上不相关,可以得到如下公式:

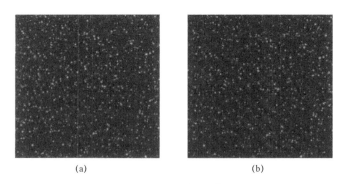

(a)　　　　　　　　　　(b)

图 4-29　PIV 试验图像对

(a)第一帧粒子图像;(b)第二帧粒子图像

$$R(\tau_x, \tau_y)=\iint p(x,y)q(x+\tau_x, y+\tau_y)\mathrm{d}x\mathrm{d}y=\iint I(x,y)I(x+\Delta x+\tau_x, y+\Delta y+\tau_y)\mathrm{d}x\mathrm{d}y$$
(4-24)

根据自相关函数的定义，则函数 $I(x, y)$ 的自相关函数为

$$r(\tau_x, \tau_y)=\iint I(x,y)I(x+\tau_x, y+\tau_y)\mathrm{d}x\mathrm{d}y \tag{4-25}$$

从而，互相关函数式（4-24）可以转化为

$$R(\tau_x, \tau_y)=r(\tau_x+\Delta x, \tau_y+\Delta y) \tag{4-26}$$

又因为自相关函数是偶函数，且在原点取得最大值，即

$$r(0, 0) \geqslant r(\tau_x, \tau_y)$$

所以

$$R(\tau_x, \tau_y) \leqslant R(-\Delta x, -\Delta y) \tag{4-27}$$

综上所述，可以通过计算流场中某一区域的图像函数对应两个时刻的互相关函数，根据互相关函数的最大值所在位置，确定该区域内的流场在两个时刻内的平均相对位移，即示踪粒子在时刻 t_1 到 t_2 的位移，由于图像对的采集间隔 $\Delta t=t_2-t_1$ 已知，从而可以利用上述的速度基本定义计算出示踪粒子在 Δt 内的平均速度。

上述方法只介绍了如何实现某一区域的平均速度的单一测量，要实现整个流场的二维测量，需要对试验图像采取进一步的处理，在实际的分析中需要对流场试验中连续获得的两幅图像划分均匀网格，通过计算每一网格对之间的互相关函数，利用互相关函数最大值的位置即可确定所有网格中心位置的平均相对位移，也就是示踪粒子运动的位移，再进一步计算出示踪粒子的瞬时速度。通过对整幅图像进行扫描，从而计算出整个二维流场的速度矢量分布。

当直接利用互相关函数的定义进行互相关函数的计算时，计算量是非常巨大的，其一维的计算复杂性为 $O(N^2)$，计算量会随着序列长度的增大而急剧增长。为了提高运算效率，一般采用傅里叶变换的方法，通过二维快速傅里叶变换（Fast Fourier Transform，FFT）在 PIV 技术中实现互相关函数的计算。

根据前面介绍，$p(x, y)$ 和 $q(x, y)$ 的互相关函数 $R(\tau_x, \tau_y)$ 有如下公式：

$$P(u, v)=\iint p(x,y)\mathrm{e}^{-\mathrm{j}(ux+vy)}\mathrm{d}x\mathrm{d}y$$
$$Q(u, v)=\iint q(x,y)\mathrm{e}^{-\mathrm{j}(ux+vy)}\mathrm{d}x\mathrm{d}y$$
$$R_1(u, v)=\iint R(\tau_x, \tau_y)\mathrm{e}^{-\mathrm{j}(ux+vy)}\mathrm{d}x\mathrm{d}y \tag{4-28}$$

式中，$P(u, v)$、$Q(u, v)$ 与 $R_1(u, v)$ 分别为 $p(x, y)$、$q(x, y)$ 与 $R(\tau_x, \tau_y)$ 的二维傅里叶变换，$\mathrm{j}=\sqrt{-1}$。那么，根据傅里叶变换的互相关特性，在实域中运算的公式（4-24）的频域表达式为

$$R_1(u,v)=P^*(u,v)\times Q(u,v) \qquad (4-29)$$

式中，$P^*(u,v)$ 为 $P(u,v)$ 的共轭形式。

利用互相关函数的频域性质和二维快速傅里叶变换算法（FFT），只需进行两次傅里叶变换和一次傅里叶反变换，就可以计算出互相关函数场 $R(\tau_x,\tau_y)$，实现互相关函数的快速计算，不但避免了积分运算，而且极大地提高了运算速度。在 PIV 分析过程中，进行互相关分析的 PIV 试验图像是实值序列，而其傅里叶变换是复值序列，变换过程中必然存在很大的冗余，在一定程度上会限制存储效率与运算的速度，可以对傅里叶变换进行进一步简化，以提高存储效率与运算速度，这里不再赘述。

在测量视场一定的条件下，CCD 摄像机拍摄图像质量的好坏取决于像素密度、像素的大小以及像素的深度等因素。单位面积的像素决定了所拍摄图像的分辨率。提高光测系统测量精度最直接的方法就是提高 CCD 摄像机分辨率，即增加像素点阵数。然而这种提高硬件分辨率的代价是相当昂贵的。如将常用的 512×512 相机系统提高到 1 024×1 024 的系统，价格上要差几倍，甚至几十倍。并且在图像传输速度和图像存储容量方面都大大增加了对系统的要求。近二十年来，在光测数字图像处理领域，许多研究者试图利用软件处理的方法来解决图像中目标的高精度定位问题，如果能用软件方法将图像上的特征目标定位在亚像素级别，就相当于提高了测量系统精度。例如，当算法的精度为 0.1 个像素，则相当于测量系统的硬件分辨率提高了 10 倍。因此，对图像中目标进行高精度的定位就成为提高光测系统测量精度的最重要的环节之一。这种亚像素定位技术具有十分重要的理论意义和实践意义，是光测数字图像分析中的重要特色技术之一。

矢量场修正：在 PIV 流场测试过程中，如果流场内部存在较剧烈的梯度变化，或者由于 CCD 设备的曝光不当、示踪粒子偏离聚焦平面和散播不均匀以及噪声干扰等，会导致 PIV 分析结果中存在一些错误矢量或空白。利用简单的方法对试验图像进行预处理，可以降低和出现较少的错误矢量，但仍然不能完全避免错误或无效矢量的存在，在矢量场的局部还会存在部分错误或无效矢量，因此有必要对矢量场做进一步的处理。当今比较实用的三种矢量修正方法分别是：频域低通修正方法、基于判别的修正方法和小波低通修正方法。经过矢量修正后的 PIV 测试结果可用于分析速度流场、流线、等值线、涡量、脉动分布等。

试验中通过 PIV 测量技术获得的第一手试验数据是紊流火焰流场的瞬时速度矢量场分布，这些数据包含了火焰内部流场的各种信息，但难以直接归纳和分析，因而要进行统计平均。在常规的紊流研究中，流体可视为连续介质，流速、压力、温度等脉动值视为连续的随机函数。而由概率论中各态遍历假设可知，一个随机量在重复多次试验中出现的所有可能值，也会在相当长的时间内（或相当大的空间内）的一次试验中出现许多次，并且具有相同的概率。因此在试验条件下，流场的统计平均值等于时间平均值。根据以上分析可得：

流场径向和轴向的平均速度：

$$U(x, y, z) = \frac{1}{N} \sum_{i=1}^{N} u_i(x, y, z) \quad (4-30)$$

$$V(x, y, z) = \frac{1}{N} \sum_{i=1}^{N} v_i(x, y, z) \quad (4-31)$$

径向和轴向脉动速度均方根值：

$$u_{\text{rms}} = \sqrt{\frac{1}{N-1} \sum_{i=1}^{N} (u_i - U)^2} \quad (4-32)$$

$$v_{\text{rms}} = \sqrt{\frac{1}{N-1} \sum_{i=1}^{N} (v_i - V)^2} \quad (4-33)$$

雷诺应力：

$$\overline{u'v'} = \frac{1}{N-1} \sum_{i=1}^{N} (u_i - U)(v_i - V) \quad (4-34)$$

以上式中，u_i、v_i 分别为第 i 个瞬时的径向速度和轴向速度。

综上所述，PIV 技术的测速流程如图 4-30 所示。

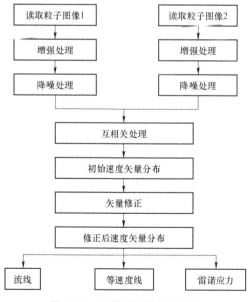

图 4-30　利用 PIV 测速流程图

3. 示踪粒子

根据试验对象与要求选择合适的示踪粒子和散播是成功进行 PIV 测量的一个关键因素。在一般的流动显示中，粒子往往要求局部散布，已能显示流动结构，如为展示混合流动、旋流，往往需要把粒子散布到剪切界面区，从而能显示剪切层及其发展演化。PIV 是全场测速，要求全场均匀散布示踪粒子，只有这样才能保证全流场区的速度测量。实际上，这不是一件容易的事情，在有些地方，如漩涡中心、边界层贴近壁面的区域，因存在离心力、速度梯度、压力梯度等，粒子很难在那些区域存在，粒子越大越难做到。示踪粒子必须大小适中（一般在 10 μm 量级，球形），浓度（播种密度）合适，具有高的跟随速度，低的沉降速度（密度接近所研究的流体）。在非定常流动的测量中，粒子的跟随速度和沉降速度要根据试验的情况不断调整。总的来说，选取示踪粒子的原则就是，粒子的密度尽量接近所研究流体的密度，粒子的直径要在保证散射光强的条件下，尽可能小。

示踪粒子的跟随性主要取决于粒子的空气动力直径，粒子的密度和形状等参数也有一定影响。浓度太高不好，对流动本身有影响，有两相流问题。浓度太低也不行，因为对每一点的测速，取决于粒子像的位移，在判读小区内要求有足够多的粒子对数才能通过判读计算求得有足够信噪比的统计位移量。原则上讲，粒子对数越多，信噪比越高。在一定的片光厚度和放大率下，其粒子浓度可以表示为：

$$N = \frac{4nM^2}{\Delta z \pi d_{int}^2}$$ （4-35）

式中，n 为判读小区的粒子对数，一般为 1~4 对；M 为放大率；Δz 为片光厚度；d_{int} 为判读小区直径。在粒子图像测速系统中要让粒子能跟随流体运动，要求粒子形状为球形或接近于球形。粒子的折射率和介质的折射率之比在粒子图像测速系统中也是一个重要参数。水是空气折射率的 1.33 倍，粒子在空气中的散射光要比同样的粒子在水中的散射光强。这样在水中要使用强的光源或大的粒子。由于液体中，流动脉动频率不高，采用较大的粒子不会造成较大的误差。示踪粒子的形态主要有固态、液态两种。做内流测试时，液态的示踪粒子容易在流动过程中粘结在 CCD 视窗或片光窗口，前者导致 CCD 敏感度下降，后者则使测试区域光强减弱，引起图像质量下降或在图像上形成阴影。因此必须隔一段时间对视窗和片光窗口做清理，以保证不影响图像质量。此外，根据 Keane 和 Adrian 的建议，为了保证 PIV 测试的精度，在使用相关算法分析时最好使每个查问域中有 15 对左右的粒子图像，随着流速的提高，查问域内示踪粒子数目也需相应增加。测试时必须对上述诸多因素综合考虑，尽量使测试域均匀地分布足够多的粒子，从而获得高质量的图像。

获得稳定的 PIV 图片的条件：

（1）在每一个流场照明的时间里，即每一次激光脉冲时间内示踪粒子不应该有明显的位移。

（2）两次脉冲照明时间间隔要小，以保证在该时间间隔内流体速度值恒定。

（3）两次脉冲间隔内，应使同一粒子先后记录的两个像处于 PIV 分析系统的动力范围内。动力范围定义为摄影胶片上同一示踪粒子两像间距离，用 ds 表示

$$\mathrm{d}s = MTv \qquad (4-36)$$

式中，M 为摄像机透镜的放大率；T 是两次曝光的时间间隔；v 是诊断区域体的速度。

4. 瞬态速度场 PIV 测量

随着小型无人机与巡飞弹药的研发日益兴起，其关键技术之一是小型低推力长航时动力技术。目前，由于对小型无人飞行器需求的迅速增长，迫切需要找到一种合适的动力装置，要求这种动力装置尺寸小、质量轻、效率高、寿命长、性价比高、抗过载能力强。由于脉动喷气发动机简单到极致的结构，非常适应这种需求，于是军方对脉动喷气发动机又重新产生兴趣。俄罗斯的 R90 无人机为现代应用脉动喷气发动机的最新代表。俄罗斯航天公司 Enics 已经发展了 3 种以脉动喷气发动机作为动力装置的飞机[8]，其中的 R90 巡飞弹是当代运用脉动喷气发动机的典型代表，如图 4-31 所示。该公司于 2005 年 2 月在阿联酋的首都阿布扎比举行的 Idex 航展上展示了由其研制的 R90 巡飞弹。该巡飞弹总长 1.42 m，翼展 2.56 m，质量为 42 kg，使用 M44D 脉动喷气发动机推进，射程可达 70 km，续航时间为 30 min，飞行高度为 200~600 m，由 Сплав Смерч 多管火箭发射装置发射。

图 4-31　航展中的 R90 无人机

为深入分析作为巡飞弹动力装置的脉动喷气发动机工作机理，可采用 PIV 系统对有阀式脉动喷气发动机喷管出口的瞬态速度场进行测量，分析其速度场特性，为深入了解声热耦合作用下的周期性瞬态流动与燃烧过程奠定基础。试验通过粒子播撒器把示踪粒子输送入燃烧室内。采用流化床粒子播撒器，如图 4-32 所示。其中，示踪粒子从下部通入后再由上部输出，可以克服送粉不均匀的问题。试验过程中，首先在粒子播撒器内底部存放一定量的示踪粒子，由空压机提供的一定压力和速度的压缩空气流，从粒子播撒器下方入口处进入，空气流将示踪粒子流化，经流化后的粒子跟随着空气流由其上部出口处输出，这股带有示踪粒子的空气流被送入燃烧室内，与燃烧室来流充分混合，供 PIV 测量用。

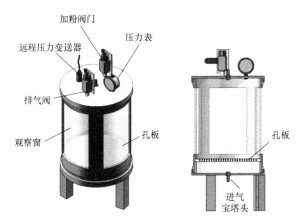

图 4-32 粒子播撒器设计图

粒子播撒器示踪粒子的流量可通过入口处调节阀改变压缩空气流的流量和压力进行调节，从而控制示踪粒子浓度。本设计的优点是：示踪粒子跟随性好，能够产生均匀而稳定的粒子流，并可很好地控制粒子产生速率及其浓度。试验表明，播撒器所产生的粒子能满足 PIV 测量燃烧室冷态和燃烧流场需要。

利用 PIV 瞬态流场测试系统可测量有阀式脉动喷气发动机尾喷管出口瞬态流场。图 4-33～图 4-39 分别为发动机尾喷管出口在 0 ms、1 ms、2 ms、3 ms、4 ms、5 ms、6 ms 时刻的瞬态速度场。由图 4-33 可知，在 $t=0$ ms 时刻，由于尾喷管燃气强烈的引射作用，在主流上下两侧均形成了较为强烈的回流区域。由于测量区域的限制，在图 4-33 中仅获得了下侧回流区的边缘。在 $t=1$ ms 时刻，燃气主流区域位置发生变化，在 1 ms 时间内，回流区中心沿发动机轴向向前运动约 0.06 m，回流区中心的前进速度约为

60 m/s。在 $t=2$ ms 时刻，该回流区运行到测量区域之外，表明此阶段的回流区前进速度应大于 80 m/s。$t=2$ ms 到 $t=4$ ms 期间，测量区域内涡旋强度明显降低，表明此阶段喷管出口排气速度较低。$t=5$ ms 时刻，涡旋基本消失。在 $t=6$ ms 时刻，喷管出口又出现主流，且主流强度和区域与 $t=0$ ms 时刻的瞬态速度场基本一致，表明一个脉动周期结束，下一个脉动周期开始。由此说明发动机脉动周期约为 6 ms，速度场的脉动周期测量结果与压力脉动周期测量结果基本一致。

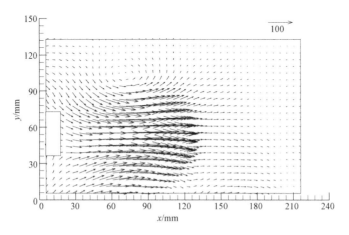

图 4-33　$t=0$ ms 速度矢量

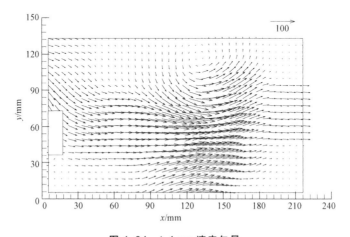

图 4-34　$t=1$ ms 速度矢量

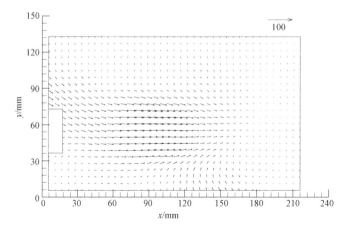

图 4-35　$t=2$ ms 速度矢量

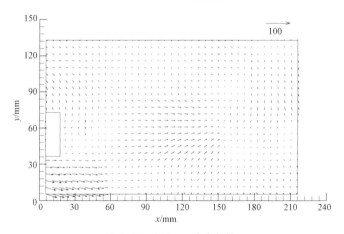

图 4-36　$t=3$ ms 速度矢量

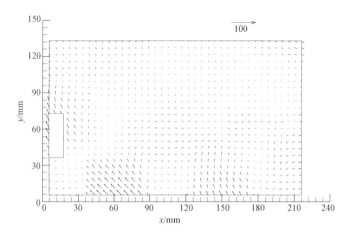

图 4-37　$t=4$ ms 速度矢量

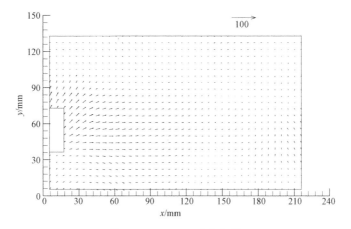

图 4-38　*t*=5 ms 速度矢量

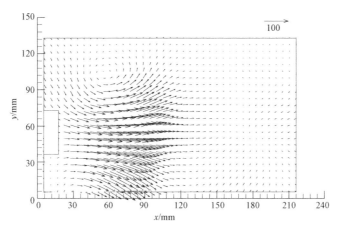

图 4-39　*t*=6 ms 速度矢量

分析发动机一个脉动周期内的瞬态速度场可发现,排气速度最大值并不在喷管出口,而是在喷管外侧,距离喷管出口约 0.15 m。由此说明,燃气离开喷管后继续加速流动。由于燃气在喷管出口继续膨胀加速,在喷管出口形成膨胀波,引起尾喷管回流,膨胀波向燃烧室传递,使得燃烧室压力降低。在有阀式脉动喷气发动机的排气阶段,尾喷管主气流不仅高速向后运动并产生推力,其强烈的引射作用对周围气流的影响极大,引射进来的新鲜空气将降低排气温度。

图 4-40～图 4-46 分别为 0 ms、1 ms、2 ms、3 ms、4 ms、5 ms 及 6 ms 时刻喷管出口瞬态流场的二维平面旋度等值线图。不同时刻的二维平面旋度等值线图显示了涡量云图的演化过程。旋度最早是通过研究水流涡旋建立起来的概念,对于二维平面的速度场测量结果,可用来分析区域内是否存在涡旋以及矢量场在某点涡旋强度的大小。旋度为负则涡旋沿顺时针方向,反之则为逆时针方向。

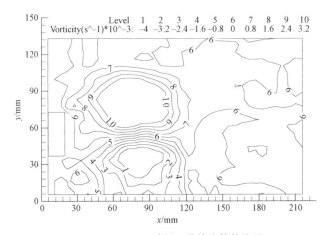

图 4-40　$t=0$ ms 时刻二维旋度等值线图

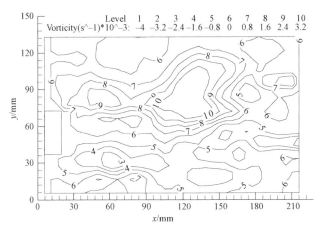

图 4-41　$t=1$ ms 时刻二维旋度等值线图

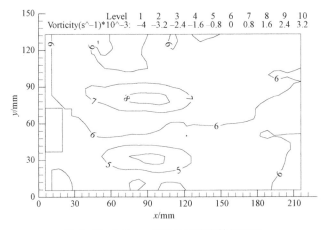

图 4-42　$t=2$ ms 时刻二维旋度等值线图

第4章 温度与速度场测量

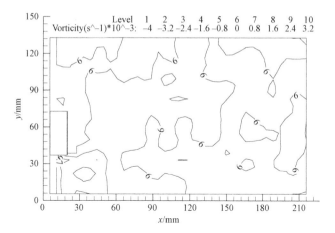

图 4-43　$t=3$ ms 时刻二维旋度等值线图

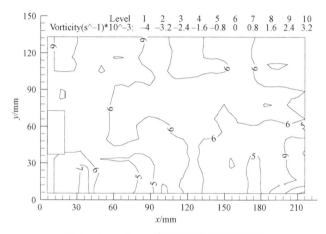

图 4-44　$t=4$ ms 时刻二维旋度等值线图

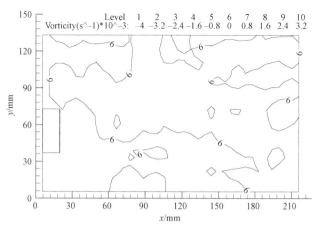

图 4-45　$t=5$ ms 时刻二维旋度等值线图

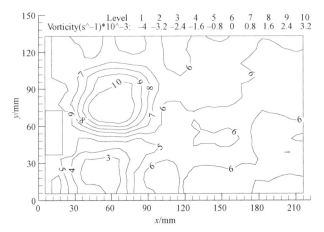

图 4-46 $t=6$ ms 时刻二维旋度等值线图

通过对一个脉动周期内涡旋变化过程的分析，可以发现，在发动机尾喷管的排气阶段，其旋度的强度要明显大于吸气阶段。在不同的时刻，尾喷管出口均存在正负旋度，在吸排气的过程中均存在涡旋，且涡旋的方向在强度较强的排气阶段基本沿轴线方向成对称分布。这种现象表明，在有阀式脉动喷气发动机的工作过程中，涡旋随时间的变化非常迅速。

4.2.4　激波纹影测量

纹影法，其基本原理是处于被测量的流场中光线的折射率梯度与流场密度成正比，利用流体对于光线的扰动，将流体的变化情况变换为可见的图像信息，其中包含黑白纹影法、彩色纹影法和干涉纹影法。对于激波纹影测量，可选择阴影法、全息干涉法和纹影法。其中，阴影法最为简单，是将光线透过流体的测量区并把该区投射到屏幕上，测量的区域如果平稳，则投影在屏幕上的光线比较均匀，没有什么较大变化，若受到一定干扰，则由于流体密度的变化将使透过的光线发生折射，在屏幕上将有变化，会出现暗纹。该方法能定性地在屏幕上观察到激波、边界层等流体结构。纹影法相对简单但各个变化部位的区分梯度不够明显。全息干涉法是利用全息照相机进行照相，记录下流体变形前后产生的波阵面相互干涉所形成的干涉条纹的图片，该方法所记录的图片较为清晰，但该方法在试验测量时需要利用激光作为背景光，产生激光的设备相对来讲很复杂，成本较高，且后期的数据处理环节较为复杂。相比前两者，纹影法拍摄的图像较为清晰，图像区分度较为明显，且成本不高，处理起来较方便。

纹影仪的简易光路图如图 4-47 所示。纹影仪根据光经过密度变化的流场的偏转角不同,以此来表现其折射率,用于测量光线小偏角变化的设备,该设备把流场中流体密度的梯度变化转化为在记录面上的相对于光线强度的变化,将具有可压缩性的流场内存在的激波、膨胀波或者压缩波等密度变化较大、较为剧烈的部分转化为人眼能观察到的、易于分辨的图像。该试验是用于测量主流与射流的掺混情况,当发生掺混时,两股射流的混合使该区域密度变化剧烈,且使该结构存在多种复杂的激波,空气与氮气的密度不同,混合情况将会在纹影仪的测量下体现得较为明显。纹影仪的作用是为被测的流体提供一束平行的光线,经过流场后再经过会聚引导入高速摄像机。

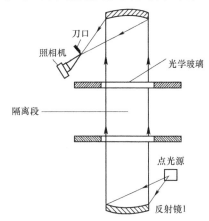

图 4-47 纹影仪简易光路图

纹影仪需要进行调节才能正常使用。需要注意的是,调整两面凹面反射镜的中心线使其中心线与隔离段的中心线保持一个平面,这一步较难,可以使用水平仪或者激光等装置帮助调节,简化调节步骤,还应保证两面凹面反射镜上的光斑保持相同大小,即保持光线的平行。最后,还要求第一面平面反射镜的角度调整适当,保证点光源的射入路线与反射路线整体构成一个等腰三角形的构造。纹影仪测量系统可分为六部分,其中包括点光源、平面反射镜、凹面反射镜、被测对象、相机以及工作台等。

1. 喷管扩张段补充燃烧掺混纹影测量

超声速燃烧是一种燃料与氧化剂在超声速条件下混合并燃烧的复杂物理化学过程,其典型运用为超燃冲压发动机。对于某型贫氧推进剂在燃气发生器内燃烧得到的燃烧产物中存在大量的 CO、H_2 等可燃气体[9]。可燃燃气经喷管喉道之后,在扩张段处于超声速状态,将大气中的 O_2 引入超声速喷管扩张段,使两者再次燃烧,将可燃燃气的化学能进一步转化成热力学能并在喷管扩张段内进一步做功,进而提高贫氧推进剂的比冲。因这种燃烧过程是将新鲜空气通过进气道注入喷管扩张段使处于超声速状态的可燃燃气进一步燃烧,与常规的超燃冲压发动机的过程相反,故可称为超燃冲压发动机的同向(超声速燃烧)逆问题(主次流的种类相反)。因这种超声速燃烧发生在喷管扩张段,又可将采用这种方式增加发动机推力的方法称为喷管补燃技术。喷管补燃技术的主流为富含可燃物质的高温高压的燃气,需要将压力及温度相对较低的新鲜空气喷入主流可燃燃气中并与之混合、燃烧,并最终产生推力。采用喷管补燃技术,可将大气中的 O_2 引入喷管扩张段,使高温高压的可燃燃气进一步燃烧,提高发动机的推力与比冲,使用相同质量及种类的推进剂可以达到更远的射程,对于提高导弹的射程有着极大的意义。目前喷管扩张段补充燃烧技术刚刚出现,但这项技术可以在现有的固体火箭发动机技术上进一步发掘发动机性能,以满足新一代导弹战术需求[10]。

作为一种新型超声速燃烧形式,由燃气发生器生成的可燃燃气及由进气道引入的新鲜空气在喷管扩张段内的掺混形式并不清晰。为此,有必要利用激波纹影法对上述掺混过程加以测量,为该技术的工程运用提供实践支撑。试验过程中,主流喷管的流量不能过大,以保证来流气源无限大假设的合理性。试验过程中,主喷管及射流喷管来流条件分别如表 4-6、表 4-7 所示,结构分别如图 4-48、图 4-49 所示。试验件结构如图 4-50 所示。

表 4-6 主流喷管设计参数

喷管宽度/mm	入口温度/K	入口总压/MPa	出口马赫数 Ma	出口压强/MPa	质量流量/($kg \cdot s^{-1}$)
16	300	0.4	2.087	44 639	0.32

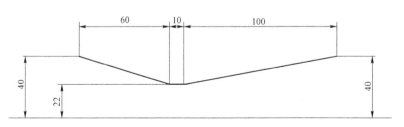

图 4-48 主流喷管设计型面

表 4-7 射流喷管设计参数

喷管宽度/mm	入口温度/K	入口总压/MPa	出口马赫数 Ma	出口压强/MPa	质量流量/($kg \cdot s^{-1}$)
8	300	0.8	1.694	163 547	0.044 8

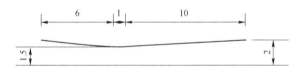

图 4-49 射流喷管设计型面

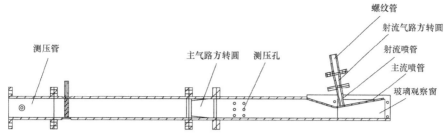

图 4-50 掺混试验段剖面视图

测压管处有两个测量螺纹孔连接测压元件，用来测量来流的压力，判断来流是否满足试验要求。主气路方转圆用于圆管与矩形管的过渡连接，避免由于流场结构突变而产生较大的总压损失。矩形管入口处的螺纹孔用来连接测压元件，为仿真提供初始条件。主流喷管型面段为收缩扩张结构，将来流加速到超声速，在扩张段上均布一排测压孔，用于测量压力分布的变化。石英玻璃观察窗是为了进行纹影试验。射流喷管可将射流加速到超声速，模拟超声速飞行下的空气射流。射流气路方转圆起过渡连接的作用，避免由于结构突变产生的总压损失。螺纹管用于与外接气路的连接。

2. 压力测量方案

试验台主要测试压力和主流流场纹影，其中压力测试分为来流压力测试和主流扩张段压力测试。主流扩张段测量壁面静压。在测压点处加工有 M6 的螺纹用于与气动接头连接。气动接头与外径 6 mm、内径 4 mm 的软管进行连接，而软管另一头通过气动接头与传感器进行连接。其中传感器的测量范围为 $-0.1 \sim 0.1$ MPa。主流来流的压力测试分别测量来流总压与壁面静压，射流只测试来流总压，传感器的测试范围为 $0 \sim 1$ MPa。

3. 进气方案

试验供气由 10 个 6 m³ 气罐提供，每个气罐均可承受 4 MPa 的高压，因此可以提供稳定的高压主流和射流，进一步设计试验进气方案如图 4-51 所示，试验工况分布情况如表 4-8 所示。

主流和射流都采用蒸汽式减压阀调节来流压力，都采用球阀来控制气路的闭合，这是由于在同等通径下，球阀比电磁阀、针阀等具有更大的流通面积，可以有效地避免来流在喷管喉道前壅塞。试验高压气流经过主流减压阀调节压力，主流球阀全开，通过球阀进入矩形管测量压力，经过收缩段加速，在喉部达到声速，在扩张段继续加速达到超声速。一段时间内打开射流气路球阀，通过射流减压阀调节压力，通过射流控制球阀进入射流喷管加速到超声速与主流进行掺混。

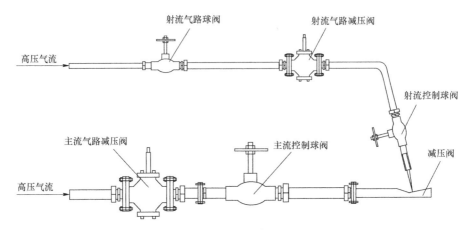

图 4-51 进气方案设计图

表 4-8 试验工况分布　　　　　　　　　　　MPa

工况	工况 1	工况 2	工况 3	工况 4	工况 5	工况 6	工况 7	工况 8	工况 9
主流总压	0.310	0.310	0.310	0.374	0.374	0.374	0.439	0.439	0.439
射流总压	0.531	0.708	0.879	0.531	0.708	0.879	0.531	0.708	0.879

纹影试验时相机分辨率为 2 048×2 048，相机帧数为 24 f/s，不同工况下的纹影图如图 4-52～图 4-54 所示。

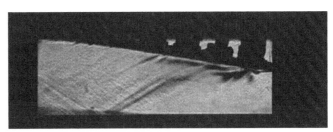

(a)

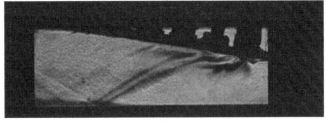

(b)

图 4-52 流场图
(a) 工况 1 流场图；(b) 工况 2 流场图

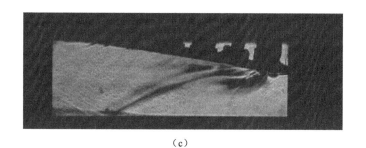

(c)

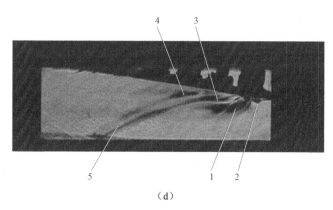

(d)

图 4-52 流场图（续）
(c) 工况 3 流场图；(d) 流场结构示意图

分析图 4-52（d）对流场结构做主要说明：1 为射流在流场中的结构，可以明确地观察到射流在流场中的掺混深度，射流将主流流场分成上下两个区域。射流后方存在气流滞止区 2，该区域的气流处于停滞状态，该区域边界处存在激波。射流边界为弓形激波，激波上方为气流滞止区 3，该区域的气体处于滞止状态。主流上层区域 4 中的气体在滞止区 3 后方继续膨胀加速。主流下层区域中的气体同样会继续膨胀加速，并在 5 处先形成一道压缩波再形成一道膨胀波。

从图 4-52（a）～（c）中可以明显地观察到随着射流来流总压的增大，射流侧掺混深度越深，掺混效果越好；射流下游的滞止区域和激波结构变化不明显。而弓形激波上方的滞止区域以及流场上层区域越来越大，流场下层区域的膨胀波和压缩波的结构和分布位置变化不明显，压缩波与膨胀波之间的距离越来越大。

(a)

(b)

(c)

图 4-53 流场图

(a) 工况 4 流场图；(b) 工况 5 流场图；(c) 工况 6 流场图

从图 4-53（a）~（c）中可以看出，主流来流的总压增加，掺混流场结构基本保持。射流下边界与主流相互影响，形成不规则的结构。射流后方的停滞区大小和激波结构变化不明显。随着射流来流总压的增大，射流掺混深度越深，掺混效果越好，弓形激波上方的滞止区域以及流场上层区域越来越大。在射流总压较小时，压缩波和膨胀波连在一起，随着射流总压的增加，压缩波和膨胀波逐渐分离，距离越来越大，分布位置变化不明显。

从图 4-54（a）~（c）中可以看出，主流来流的总压继续增加，掺混流场结构基本保持。射流下边界的不规则结构更加明显。射流后方的滞止区大小和激波结构变化不明显。随着射流来流总压的增大，射流掺混深度越深，掺混效果越好，弓形激波上方的滞止区域以及流场上层区域越来越大。在工况 7、工况 8 下，压缩波和膨胀波连在一起，当压力增大至工况 9 时，压缩波和膨胀波分离，三种来流总压下分布位置变化不明显。

(a)

(b)

(c)

图 4-54　流场图

(a) 工况 7 流场图；(b) 工况 8 流场图；(c) 工况 9 流场图

进一步地，当射流来流总压不变时，随着主流总压的增加，射流掺混深度越浅，掺混越不明显，射流下边界的不规则性越明显。射流后方的停滞区大小和激波结构变化不明显。弓形激波上方的滞止区域以及流场上层区域越来越小。主流下层区域的压缩波和膨胀波的距离越来越小，分布位置前移。

根据以上分析可得，射流的掺混深度与主流的压强及射流的压强均有关系，当主流压强越小，射流压强越大时，掺混深度就越深，掺混效果越好，反之则掺混深度越浅，掺混越不明显。原因是当主流总压越小时，入射口处的主流静压就越小,射流总压越大时,入射口处的射流静压就越大,掺混效果就越好。

参 考 文 献

[1] 沈飞,王征,佟力波. 固体火箭发动机试验热电偶安装工艺分析[J]. 工业控制计算机,2017,30(9):151-152.

[2] Westerweel J. Fundamentals of Digital Particle Image Velocimetry [J]. Measurement Science and Technology,1997,8(12):1379-1392.

[3] 盛森芝,徐月亭,袁辉靖. 近十年来流动测量技术的新发展[J]. 力学与实践,2002(5):1-14.

[4] 刘瑞韬. 离心压缩机内部三维复杂流动的数值模拟及 PIV 实验研究[D]. 西安:西安交通大学博士学位论文,2005.

[5] 唐军,宋文艳,肖隐利,等. 双旋流燃烧室主燃区流动特性 PIV 测量和分析[J]. 推进技术,2014,35(12):1679-1686.

[6] 邓远灏,颜应文,党龙飞,等. 贫油预混预蒸发低污染燃烧室流场特性试验[J]. 航空动力学报,2015,30(10):2416-2424.

[7] 王志凯,江立军,陈盛,等. 受限空间内三级旋流流场和燃烧性能研究[J]. 航空学报,2021,42(3):243-252.

[8] Joshua C, Matthew H, Stewart J, et al. Design and Build a Pulsejet Engine and Thrust Measurement Stand[R]. Australia: The University of Adelaide, 2007.

[9] Besser H L. History of Ducted Rocket Development at Bayern-Chemie [R]. AIAA paper, 2008, 5261.

[10] 张琦. 固体火箭发动机喷管扩张段补充燃烧技术研究[D]. 哈尔滨:哈尔滨工程大学,2018.

第 5 章
地面直连试验系统设计及其运用

5.1 地面直连试验系统建设必要性

冲压发动机是利用高速迎面空气气流进入发动机后减速，提高空气静压进行工作的。整体构造简单，没有压气机和涡轮之类的复杂部件，各部分之间紧密性良好，是空气喷气发动机在更高飞行速度领域发展的延伸，可应用于超声速和高超声速的飞行器中[2]。冲压发动机主要由进气道、加温器和尾喷管等三个部分组成。来流空气经过进气道减速增压，进入加温器与燃料混合进行燃烧，燃烧后的高温高压燃气，从尾喷管膨胀加速后排出，产生高速射流，变成推力。冲压发动机构造简单、质量轻，无转动部件，无高温冷却问题，可以允许更高的燃烧温度以获得更大的推力，能源前途广阔。其中，固体火箭冲压发动机利用以固体推进剂为主的燃气发生器生成高温高压的可燃燃气，与通过进气道进入的新鲜空气在补燃室进一步燃烧，通过补燃室尾喷管排出并产生推力，是一种典型的冲压式发动机。

冲压发动机试验分为地面试验和飞行试验两大类。地面试验主要测试发动机整体和部件的工作特性及发动机与飞行器一体化问题，飞行试验周期长、耗费大，仅适用于考核定型后期等关键阶段。地面试验根据试验目的不同分为直连式和自由射流式两大类。直连式试验系统设备提供的高温高压气体全部进入试验发动机。该类设备比较经济实用,但无法研究整个冲压发动机的工作特性,主要用来研究发动机加温器的燃烧问题。自由射流式试验系统较为真实地模拟了吸气式发动机内、外流进气和排气的环境,类似一套小型的风洞系统,需要模拟真实的高空工作环境,保持试验时的低气压,所以一般较为复杂,耗费高,仅在发动机研制阶段考核等时期开展适量的试验。

固体火箭冲压发动机工作条件恶劣,在冲压发动机的研制过程中,试验发挥着极其重要的作用。在固体火箭冲压发动机地面试验过程中,通过测量获取发动机的各种信息,应尽可能全面、准确、及时地测取各种数据以便证实原设计的正确与否,提供改进不合理设计的依据,达到在最短的周期内以最低的费用研制出合格的发动机。

研究地面模拟试验设备及试验技术可对发动机设计方案的可靠性、安全性进行验证,考核检验调试方法,评价发动机的质量及性能,对于固体火箭冲压发动机的发展具有十分重要的意义。为此,有必要设计冲压发动机专用的综合性能试验平台,满足冲压发动机优化设计的要求。国内外利用地面直连试验系统对固体冲压发动机开展了一系列的试验研究工作。其中,夏智勋等人[1]通过直连试验系统,研究空燃比在一定范围内变化时对非壅塞固体火箭冲压发动机二次燃烧的影响因素。试验结果表明,当空燃比在一定范围内变化时,若空燃比变大则燃烧效率升高,当空燃比达到一定程度后再增加则燃烧效率降低。对于铝镁贫氧推进剂取较小的后置长度时燃烧效率较高;与两股燃气射流向外喷射相比,两股燃气射流向内喷射的燃烧效率明显高;燃气射流与空气流在进气道出口直接撞击不利于燃烧效率的提高。若空燃比变大,则燃烧效率升高,当空燃比达到一定程度后再增加,则燃烧效率降低。进气道后置长度影响补燃室头部回流区的尺寸和强度,对于铝镁贫氧推进剂进气道后置长度不宜取得过大,其后置长度的选取应以能够建立稳定的、强度适中的回流区为标准。多股燃气射流相互撞击,有利于金属颗粒的破碎和去除金属颗粒表面的氧化层,为金属颗粒的燃烧创造良好的条件,燃烧效率升高,而燃气射流与空气流在进气道出口直接撞击不利于燃烧效率的提高。对于飞行高度、速度及攻角变化所引起的补燃室压强变化,非壅塞固体火箭冲压发动机具有良好的自适应调节能力,使发动机在设计状态附近工作。

胡建新等人[2]采用直连试验研究了进气道的位置对非壅塞固体火箭冲压发动机燃烧效率的影响。随着前后进气道之间轴向距离增加，燃烧效率先增加后减小，并且试验重复性比较好；前进气道后置长度增加，燃烧效率减小。在非壅塞固体火箭冲压发动机中，燃气发生器喷管采用了 2 个偏心喷管，与双下侧二元进气道相对应，如图 5-1 所示。

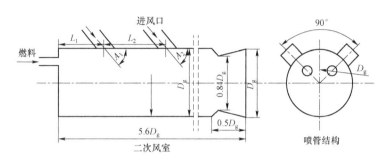

图 5-1 固体火箭冲压发动机结构示意图

黄利亚等人[3]对某固体火箭冲压发动机性能进行地面直连试验。研究结果表明，随着空燃比增大，发动机推进效率增大，发动机理论比冲升高。但大空燃比下，补燃室温度降低，发动机燃烧效率下降，实际比冲降低。空燃比的选择需综合考虑其对发动机理论比冲和燃烧效率两方面的影响。增加补燃室长度，延长燃气驻留时间，能提高发动机二次燃烧性能。全尺寸发动机由于燃气驻留时间增长，二次燃烧性能高于缩比发动机。

吴秋等人[4]针对含硼贫氧推进剂固体火箭冲压发动机，采用不锈钢材质设计制造的水冷探针取样装置（图 5-2）可使高温燃气遇到取样探针迅速被冻结，不但解决了探针在高温流场中的自身冷却问题，同时也证明了水冷探针取样过程的可靠性。试验研究结果表明，硼的燃烧效率随着发动机补燃室长度的增加而升高，而且自发动机中心轴线位置向发动机壁面位置的径向变化过程中，硼的燃烧效率逐渐降低。

固体推进剂中添加一定量的金属燃料，如铝、镁、硼等，可有效提高推进剂的能量。对于含硼推进剂，鉴于其突出的高能量性质，有希望成为高性能吸气式推进系统中最有前途的燃料。由于金属添加剂在推进剂燃烧过程中存在凝聚行为，降低了燃烧效率。在衡量凝聚程度、燃烧效率以及两相流的流场计算中，推进剂燃烧后物相的粒度分布以及组成是一项很重要的参数。其中，刘道

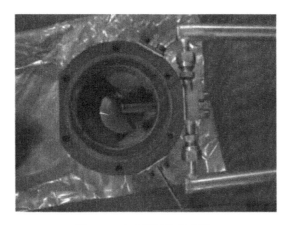

图 5-2　水冷探针取样装置

平[5]针对补燃室流场高温、高压和气固两相流的特点,设计一套硼颗粒凝相燃烧产物取样系统。开展了不同燃气发生器燃料/氧化剂配比和补燃室空气流量下的硼颗粒凝相燃烧产物样分析试验研究。在对硼颗粒凝相燃烧产物进行 X 射线衍射、能谱等物理检测的基础上,提出了硼颗粒凝相燃烧产物的物相成分含量定量计算方法,获得了各试验条件下试验系统不同轴向位置的硼颗粒凝相燃烧产物的物相成分含量。凝相燃烧产物取样系统如图 5-3 所示,主要由凝相燃烧产物取样装置、高压气源、管路供应系统和测控计算机组成。为同时对补燃室不同部位的硼颗粒凝相燃烧产物进行取样,设计不带冷却回路的杆式取样器,

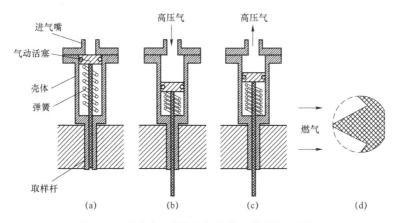

图 5-3　补燃室硼燃烧凝相产物取样装置示意图

其结构如图 5-4（a）所示。杆式取样器由外壳、气动活塞、取样杆、复位弹簧和进气嘴组成。采用 X 射线衍射技术（XRD）能定性检测到凝相燃烧产物中具有晶体结构的物相成分。采用能谱分析技术（EDS）能定量得到凝相燃烧产物中各元素的百分含量。

刘佩进等人[6]利用水冻结固体推进剂的燃烧产物获得凝相粒子，通过调节充气压强，可获得工作压强对凝相粒子粒径分布特性的影响；改变水面和推进剂燃面的距离，可获得流动过程对铝燃烧完全性的影响；改变加温器的出口形状，分析聚集状态下的凝相粒子粒径分布特性。它具有结构简单，推进剂用量少，并可对燃烧产物中全部的凝相粒子进行收集与分析的特点。HTPB 推进剂燃烧的凝相粒子的分析通过马尔文粒度分析仪和扫描电镜完成。研究结果表明，所设计的收集装置可有效收集固体火箭发动机加温器凝相粒子，并研究其尺寸分布特性，获得全面、可靠数据。随压强的增加，体积平均粒径呈下降趋势，二表面积平均粒径和粒度分布峰值呈微弱的上升趋势。

张胜敏等人[7]利用收缩管聚集法的原理提出对称双喷管结构的粒子收集方法，所涉及的凝相粒子收集试验装置如图 5-4 所示。试验装置主要由燃气发生器、收敛段、调节件、四通段、喷管及收集罐组成，集罐设计为多个同轴的不锈钢内筒，用来收集收敛段出口沿径向不同部位的凝相颗粒。该采集系统采用

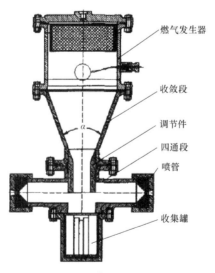

图 5-4　凝相粒子收集试验装置

对称双喷管结构可减弱气流对粒子流的影响，改变收敛段的角度和调节内径，可分析不同聚集度对颗粒粒度分布的影响。此外，通过收集收敛段出口沿径向不同部位的凝相颗粒，利用激光粒度分析仪、扫描电镜、X射线能谱仪和X射线衍射仪对凝相颗粒进行分析，进一步揭示两相流动过程中凝相颗粒的运动规律及粒度分布情况。其研究结果表明，含铝量17%的HTPB符合推进剂在6.8~7.5 MPa下，颗粒粒径分布在0.27~300 μm；沿收敛段中心区域的颗粒平均粒径要比壁面附近区域的小一些。扫面电镜分析结果表明，大多数颗粒为表面光滑、外形规则的实心球体；粒径超过40 μm的大颗粒，在燃烧过程中易发生开裂破碎等外形变化。

李疏芬等人[8]利用X射线衍射、光电子能谱以及化学分析法，对硼/铝固体推进剂燃烧后的残渣进行了较为全面的分析。化学滴定法测量含硼推进剂燃烧残渣分析精度高，但操作烦琐；XRD分析相对简单但精度略低。由酸碱滴定法测定B、B_2O_3及总硼含量的方法如图5-5所示。

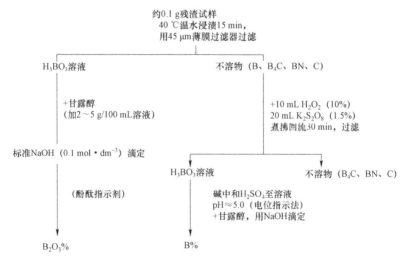

图5-5　酸碱滴定法测定B、B_2O_3及总硼含量

涂永珍等人[9]针对以聚醚、HTPB、NEPE三种不同黏合剂体系的RDX/AP少烟推进剂象，用裂解色谱—质谱联用技术分析了它们的裂解产物的组成。裂解器裂解温度控制在600 ℃、裂解10 s，进样器温度为250 ℃，气相色谱仪采用0.22 mm的石英毛细管柱和SE-54固定液，试验时先控制柱温在50 ℃下5 min，然后以10 ℃/min的速率升温到250 ℃，保持5 min，质谱仪检测器温度控制在180 ℃，测定三种推进剂燃速、压强指数。推进剂中所采用的黏合剂

类型不同，裂解产物的组成和含量不同，这是造成两类推进剂压强指数不同的原因。

从上述研究结果可知，采用地面直连试验系统可以对发动机总体性能、燃烧效率以及燃烧产物进行系统分析。国内外对冲压发动机地面直连试验的需求设计了多种试验系统。其中，C.J.Mady 所采用的试验装置如图 5-6 所示[10]，主要由头部进气组件、突扩台阶、固体燃料、后混合室（又称补燃室）和喷管组成。空气通过压缩机进入储气罐，再分别流入主管和副管，并通过阀门控制其流向，流入主管和副管的空气质量流率均用壅塞式闸阀手动控制。

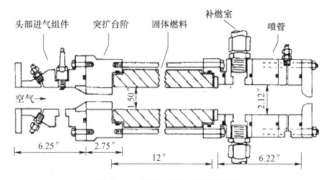

图 5-6 美国 SFRJ 试验装置

Gany Alon 等人[11,12]开展的固体燃料冲压试验发动机尺寸较小，固体燃料药柱内径为 5~15 mm，其试验装置如图 5-7 所示。利用绝热圆管、高温电磁阀和一个 25 kW 的加热器，向燃烧室内提供高温、高压空气。固体燃料为 PMMA，由于其透明性，试验中采用带有变焦透镜和分级标定屏幕的摄像机，可以连续观察燃料退移速率在时间和空间上的变化规律。试验中通过一个环形缝隙向突扩台阶内短时注入高温燃气来完成发动机点火。试验完成后，释放氮气迅速熄灭火焰，从而终止试验。试验系统采用模块化设计，能够研究不同突扩台阶高度、药柱通道直径和药柱长度条件下的 SFRJ 燃烧特性。

R.Pein 等人[13,14]所采用的试验装置如图 5-8 所示，供气系统由高压空气、氢气和氧气组成，空气质量流率最大可达 5.5 kg/s。H_2/O_2 加热器由 10 个分布在壁面的环形燃烧器组成，可将空气温度最高加热到 900 K。通过选择燃烧器的个数来控制加热空气的温度。点燃 H_2/O_2 加热器后，可在 1~2 s 内将空气加热到所需温度。该试验装置可研究不同突扩台阶高度、喷管直径、药柱通道直径与空气入口直径之比等工况。点火器可使用烟火剂或 H_2/O_2 点火炬。固体燃料包括 PMMA、PE 和 HTPB，药柱内径为 60～120 mm，最大长度可达 1 m。利用热电偶和气相色谱技术，获得 SFRJ 燃烧室内轴向和径向方向的温度及组分分布。在空气入口处安装了旋流器，用于研究入口旋流空气对固体燃料冲压发动机燃烧过程的影响。

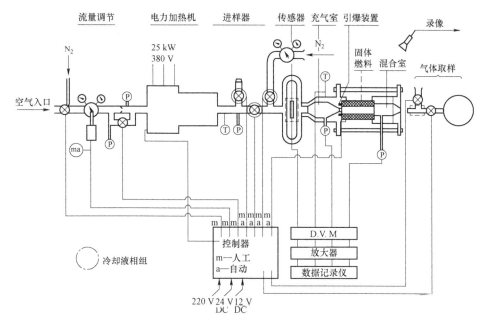

图 5-7 以色列 SFRJ 试验装置

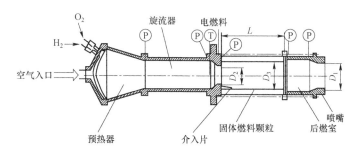

图 5-8 德国 SFRJ 试验装置

5.2 地面直连试验系统总体设计

对于固体冲压等吸气式发动机来说，采用地面直连试验系统研究补燃室工作性能是一种有效的试验研究手段。直连试验系统的主要作用是给吸气式发动机提供高温高压且组分与空气相同的模拟空气气源。这里的地面直连试验系统一般由供气子系统、加温子系统、测量子系统、控制子系统、补氧子系统等组成。此外根据试验工况的要求，还有可能包括排气反压模拟子系统以及燃料供应子系统等部分。各子系统之间的高效配合，组成了一个完善的系统试验台。其中，供气子系统用于将储气罐存储的气源降压以达到试验所需的模拟总压，通过限流喉道保证流量满足试验要求。补氧子系统纯氧在加温器前通过射流式掺混器与空气充分掺混，保证加温器燃烧后的气体中氧含量与大气成分相同。加温子系统将经补氧掺混后的来流空气，加热到试验所需要的高温状态，保证模拟总温满足要求。

固体冲压发动机飞行从大气中吸取空气作为氧化剂，在进行地面直连试验时一般在进气道喉部截面利用气体动力学的壅塞原理，将由加温子系统生成的高温高压模拟空气定量地向补燃室供给。其中，模拟空气的压力通过试验系统中的减压装置将压缩空气的总压降低至试验要求，压缩空气经直连试验系统中的加温器加热达到模拟所需总温，在加热过程中燃烧掉的氧气在加温之前通过补氧子系统在加温器之前与压缩空气混合均匀。

5.2.1 总体方案设计

试验台总体技术指标一般根据当前研究需求以及未来发展方向提出，具体设计指标包括模拟工况和加温器能量来源。

（1）模拟工况，包括模拟固体冲压发动机进气道的来流总温、总压、流量以及稳定试验时间。此外，为保证模拟高温高压空气的组分与真实大气相同，要求试验发动机进口模拟空气氧气摩尔分数为21%。

（2）加温器能量来源。模拟固体冲压发动机进气道高温高压空气，其中的压力可通过减压阀等设备加以调节，而对空气加热可以利用电加热或者燃料燃烧加以完成。其中，对于高温升、大流量的模拟空气，所需的用电量高达上千千瓦,这极大地提高了试验成本,亦对试验场地电网的平稳运行提出了很高的要求。因此,利用燃料燃烧加热空气成为一种较为理想的选择。此时,可选用的燃料包括液化石油气、酒精、氢气及航空煤油等。其中,氢气热值高但其爆炸范围很大,不能大量使用;液化石油气较为安全但需建设专用气站且高压下不易气化;酒精存储方便、安全性高,但其热值相对较低。相对而言,存储方便、安全可靠且热值较高的航空煤油是一种较为理想的能量来源。为此,可选用 3 号航空煤油作为燃料。

5.2.2 模拟参数确定

在进行地面直连试验之前,需要根据相关飞行器的飞行高度及飞行速度,计算进入补燃室的来流总温及总压。

根据一维绝热等熵流的能量方程,可得总温与静温之比,其计算如式(5-1)所示,总压、静压与马赫数如式(5-2)所示。

$$\frac{T_{t\infty}}{T_\infty} = 1 + \frac{v^2}{2C_p T_\infty} = 1 + \frac{\gamma-1}{2}Ma_\infty^2 \quad (5-1)$$

$$\frac{P_{t\infty}}{P_\infty} = \left(1 + \frac{\gamma-1}{2}Ma_\infty^2\right)^{\frac{\gamma}{\gamma-1}} \quad (5-2)$$

式中,C_p 为空气的等压比热容;Ma 为飞行马赫数。

由于空气在高温时将发生离解,因此上述公式并不适用于来流总温超过 2 000 K 的情况。在来流马赫数 Ma 不太高的情况下,空气成分不发生变化。

来流总温总压的计算可以根据大气参数表,也可以根据美国《1976 年大气参数表》编制的相应计算程序加以计算。在地面直连试验系统中为了便于自动化控制,建议采用《1976 年大气参数表》编制的相应计算程序。首先引入重力位势高度 H,用它代替几何高度 Z,这样就能把重力场随高度变化造成的影响考虑进去。它们之间的换算关系为

$$H = Z/(1+Z/R_0) \quad (5-3)$$

其中,地球半径 $R_0 = 6.356\ 766 \times 10^3$ km。

为了使公式简洁和便于计算,引入一个中间参数 W,在各段代表不同的简单函数。各段统一选用海平面处的值作参照值,用下标 SL 表示。经杨炳尉等人[15]整理后得到如下这组大气参数的计算公式:

（1） $0 \leq Z \leq 11.019\ 1$ km 时

$$W = 1 - \frac{H}{44.330\ 8} \tag{5-4}$$

$$T = 288.15W\ (\text{K}) \tag{5-5}$$

$$\frac{P}{P_{\text{SL}}} = W^{5.255\ 9} \tag{5-6}$$

（2） $11.019\ 1 < Z \leq 20.063\ 1$ km 时

$$W = \exp\left(\frac{14.964\ 7 - H}{6.341\ 6}\right) \tag{5-7}$$

$$T = 216.650\ (\text{K}) \tag{5-8}$$

$$\frac{P}{P_{\text{SL}}} = 1.195\ 3 \times 10^{-1} W \tag{5-9}$$

（3） $20.063\ 1 < Z \leq 32.161\ 9$ km 时

$$W = 1 + \frac{H - 24.902\ 1}{221.552} \tag{5-10}$$

$$T = 221.552W\ (\text{K}) \tag{5-11}$$

$$\frac{P}{P_{\text{SL}}} = 2.515\ 8 \times 10^{-2} W^{-34.162\ 9} \tag{5-12}$$

5.2.3 加温油气比计算

根据文献[16]，加温所需燃烧的混合气油气比 $\beta = \frac{m_{\text{Fuel}}}{m_{\text{Air}}}$ 可由下式求得，

$$\beta = \frac{h_4 - h_3}{ECV_4} \tag{5-13}$$

式中，h_4 为加温器出口温度为 T_4 时的燃气焓值；h_3 为加温器进口温度为 T_3 时的混合气焓值；ECV_4 为 T_4 温度下航空煤油有效热值。上述各值可参考文献[16]差值得到。

5.2.4 补氧量计算

加温器碳氢燃料很多，主要有航空煤油、乙醇等碳氢化合物。对于上述碳氢化合物，假设每个分子中的碳的原子数为 n，氢的原子数为 m，氧的原子数为 p，则碳氢氧化物的通式可写为：$C_nH_mO_p$。碳氢氧化物与氧气完全燃烧时的化学反应通式如下[17]：

$$C_nH_mO_p + aO_2 \rightarrow nCO_2 + \frac{m}{2}H_2O \qquad (5\text{-}14)$$

式中：

$$a = n + \frac{m}{4} - \frac{p}{2} \qquad (5\text{-}15)$$

设计过程中假定空气参与燃烧的氧气在补氧子系统中得到了补充。但是由于燃料燃烧产物的引入，使得燃烧产物中的氧气含量与新鲜来流空气的比例不同。为此，在补氧过程中，除了需要补充燃料燃烧所需的氧气外，还需要再补充部分氧气用于将燃烧产物中的氧气含量恢复到与新鲜空气相同。这里用于调整氧气比例的补氧的物质的量即为 b。此时，燃料完全燃烧的化学反应式如下：

$$C_nH_mO_p + (a+b)O_2 \rightarrow nCO_2 + \frac{m}{2}H_2O + bO_2 \qquad (5\text{-}16)$$

其中，a 表示加温器消耗的燃料完全燃烧所需的氧气；b 为保证加温器出口氧含量需要补充的氧气的摩尔数，两者之和即为需要在加温器入口注入加温器的氧气量。由于 a 份的氧气已经使得燃料完全燃烧，因此燃烧产物仅有 CO_2 和 H_2O 以及 b 份的氧气，为保证燃烧产物的 O_2 含量与空气相同，可得：

$$\frac{b}{n+m/2+b} = 0.21 \qquad (5\text{-}17)$$

经整理：

$$b = \frac{0.21(n+m/2)}{0.79} \qquad (5\text{-}18)$$

综上所述，对于加温子系统，所需补充的氧气的量可用下式加以计算：

$$a+b = n + \frac{m}{4} - \frac{p}{2} + \frac{0.21\left(n+\frac{m}{2}\right)}{0.79} = \left(1+\frac{0.21}{0.79}\right)n + \left(\frac{1}{4}+\frac{0.21}{2\times0.79}\right)m - \frac{p}{2}$$

$$(5\text{-}19)$$

定义需要补充的氧气质量 $m_{O_2,\text{add}}$ 与燃料质量 m_{Fuel} 的比值 α，则

$$\alpha = [(1+0.21/0.79)\times n + (1/4+0.21/1.58)\times m - p/2]\times 32/(12\times n + 24\times m + 16\times p)$$

根据设计要求，模拟的空气的质量为

$$M_{\text{mix}} = \left(\alpha + \frac{1}{\beta}\right)M_{\text{Fuel}}$$

式中，α 与燃料的种类相关；模拟的高温高压空气的质量 M_{mix} 为试验台的设计值。

5.3 直连试验系统部件设计

地面直连试验系统总体布局如图 5-9 所示,主要由供气子系统、加温子系统、补氧子系统、供油子系统、测量子系统、试验台架以及发动机卧式推压力测量子系统等 7 个部分组成,具备防火、防爆等安全防护手段,可开展涉危条件下的吸气式发动机地面直连试验。

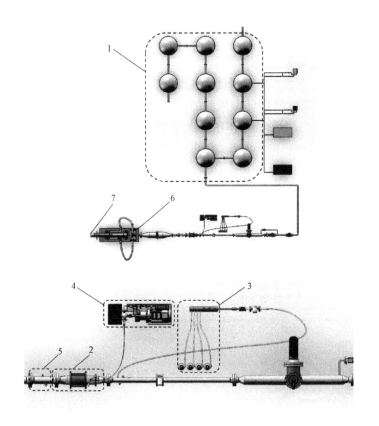

图 5-9 发动机直连试验系统总体布局

1—供气子系统;2—加温子系统;3—补氧子系统;4—供油子系统;5—测量子系统;
6—试验台架;7—卧式推压力测量子系统

5.3.1 供气子系统

供气子系统如图 5-10 所示,主要由 10 个 6 m^3、5.5 MPa 的储气罐,两套英格索兰空压机、冷干机,以及相关管路组成,总储气量可达 3.6 t 的压缩空气。根据试验所需压力及流量的不同,可提供 10 min(1 MPa、2 kg/s)~40 min(0.4 MPa、0.9 kg/s)的总试验时间。

图 5-10 供气子系统
1—空压机;2—冷干机;3—储气罐

5.3.2 加温子系统

加温子系统主体是民用型斯贝发动机的一个火焰筒,与补氧子系统、供油子系统、来流压力调节阀及安全阀等部分进行连接,如图 5-11 所示。该加温子系统可对 2 MPa 来流的常温空气加热到 450 ℃,在固体火箭冲压发动机的相关研究工作中发挥了积极作用。

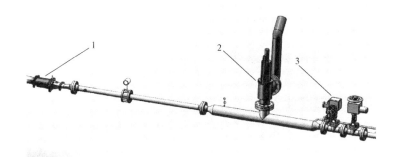

图 5-11 加温子系统
1—火焰筒;2—安全阀;3—压力调节阀

5.3.3 补氧子系统

为保证加热器出口混合物中氧气摩尔含量与空气相同,即氧气体积含量为 21%,假设空气中除氧气以外的组分不参加燃烧,仅考虑燃料与氧气之间的化学反应,本试验系统选择在加热器前增加补氧子系统(图 5-12)。根据试验工况,通过补氧子系统流量调节阀、转子流量计以及加温系统进出口参数,完成补氧量的闭环控制,使得经过加温器之后的氧气含量与大气环境相同。

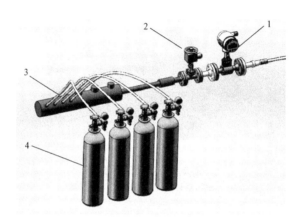

图 5-12 补氧子系统
1—转子流量计;2—流量调节阀;3—集气罐;4—氧气瓶

5.3.4 供油子系统

加温子系统所需燃油通过供油子系统(图 5-13)的油泵从储油箱内抽取,供给斯贝发动机火焰筒,与经过补氧的新鲜来流压缩空气燃烧,获得满足试验要求与空气组分相同的高温高压气体。

5.3.5 来流条件测量子系统

1. 总压测量耙设计

总压管(图 5-14)选用 L 形总压管中的凸嘴形多点梳状总压耙(图 5-15、图 5-16),由 L 形总压管、总压耙壳体、总压耙盖板和安装盘组成,通过安装盘用螺钉与筒体上的总压耙支座相连,固定在筒体上。

图 5-13 供油子系统
1—储油箱；2—流量计；3—油压压力变送器；4—油泵；5—接线盒

前总压测量耙是三点测量式梳状总压耙，由于圆柱截面与气流参数的对称性，三个测点相当于六个测点，其参数选择一方面参考了一般常规使用范围，另一方面也考虑了壳体结构和使用经验，给出了 L 型总压管的基本参数。其中，孔口端面取平头，孔径取 $\phi 0.7$ mm，$l/D=2.5$，孔内锥角 $\alpha=90°$。

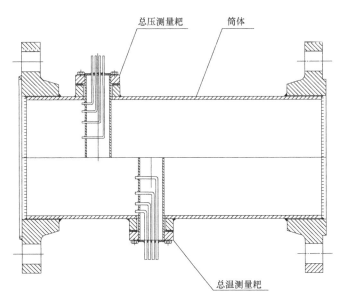

图 5-14 后测量段

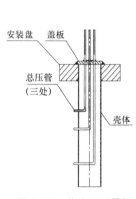 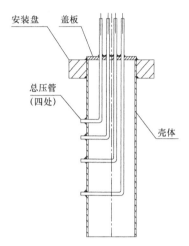

图 5-15　前总压测量耙　　　图 5-16　后总压测量耙

由于前测量段气流处于低温高压状态，为了使压力耙壳体内外压差均衡，故在设计时将总压耙壳体底部不封死，然而对总压耙盖板必须考虑其承压强度和密封性。

前测量段的筒体直径为 $\phi 100$ mm，选取了三个测量点，构成三点的总压耙，总压测量点是按照沿径向等截面分布原则求出的，其方法为：

（1）将通道面积按测点的多少分成 $n=3$ 份；

（2）求出中心截面圆的半径 r_1，由此得到第一个测量点位置 $r'_1 = r_1/2$；

（3）求出中心两份截面圆的半径 r_2，由此得到第二个测点位置 $r'_2 = (r_1 + r_2)/2$；

（4）已知圆筒内径 r_3，由此得到第三测点的位置 $r'_3 = r_2 + (r_3 - r_2)/2 = (r_2 + r_3)/2$，即得到第三个测点位置。

后总压测量耙的设计思想同前总压耙，同样是 L 形总压管，由于后测量段筒体直径为 150 mm，而且测量段的精度要求也比前测量段高，故采用 4 个测量点，相当于 8 个测量点，也是四点测量式梳状总压耙。L 形测量管的参数：孔的端面取平头，孔径取 $\phi 2.0$ mm，$l/D=2.0$，孔内锥角 $\alpha=90°$，孔口轴线与支撑管轴线垂直，以保证安装时对准气流方向。

由于后测量段气流处于高温高压状态，同前测量段一样，为了使压力耙壳体的内外压力均衡，故在设计时将总压耙壳体底部不封死，然而对总压耙盖板考虑了其承压强度和密封的要求。由于壳体材料为 1Cr18Ni9Ti，后测量段虽然承受高温，但该材料能够承受其热强度，故没有采用冷却，仍采用同前总压耙结构形式。

2. 总温测量耙设计

总温测量耙采用多点梳状热电偶温度耙（图 5-17），由 L 形热电偶、总温耙壳体、总温耙盖板和安装盘组成。通过安装盘用螺钉与筒体上的总温耙支座相连，固定在筒体上。

前总温测量耙采用二点梳状热电偶温度耙。L 形热电偶由热电极、绝缘瓷管、保护套管和接线盒组成。热电极材料选取为镍铬—镍硅热电偶，其直径 $d=0.3$ mm，采用陶瓷管绝缘。陶瓷绝缘管是双孔陶瓷管，用来保证热电极之间，热电极与保护套管之间电气绝缘。金属套管是对热电偶起支撑和保护作用的，根据试验温度材料

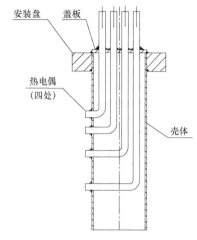

图 5-17 总温测量耙

选用了 1Cr18Ni9Ti 钢管，该套管的直径 $D=3.0$ mm，壁厚 0.25 mm，伸出壳体长度为 4 mm，接线盒是内引外连的中间装置，热电偶丝在接线盒内固定在接线座上，并由此接外线（或补偿导线），其结构是非标准设计的。

由于前测量段气流处于低温高压状态，为了使总温测量耙壳体内外压差均衡，故在设计时将总温耙壳体底部不封死，而露在筒体外的部分已考虑了其强度和密封性。壳体横切面长 $l=20$ mm，宽度 $\delta=8$ mm，壳体厚度为 1 mm。

前测量段的筒体直径为 $\phi 100$ mm，总温测量耙选取了二测量点，构成了二测量点的总温耙，同样测量点是按照沿径向等面积分布原则求出：

$$r_1 = 35.36 \text{ mm} \quad r_2 = 50 \text{ mm}$$
$$r_1' = 17.68 \text{ mm} \quad r_2' = 42.68 \text{ mm}$$

故取整后可得： $r_1' = 18$ mm $r_2' = 43$ mm

后总温测量耙是采用四点梳状热电偶温度耙，同样 L 形热电偶由热电偶、绝缘瓷管、保护套管和接线盒组成。所用结构、材料形式与前测量段的总温耙一样。由于是四点测量式，总体结构上尺寸大一些，后总温测量耙壳体的横切面长 $l=34$ mm，宽 $\delta=8$ mm，壳体厚度为 1 mm。

后测量段的筒体直径为 $\phi 150$ mm，总温测量耙选取了四点测量式，可求出：

$r_1 = 37.5$ mm $r_2 = 53.03$ mm $r_3 = 64.95$ mm $r_4 = 75$ mm
$r_1' = 18.75$ mm $r_2' = 45.27$ mm $r_3' = 58.99$ mm $r_4' = 69.98$ mm

整理后得：$r_1' = 20$ mm $r_2' = 46$ mm $r_3' = 60$ mm $r_4' = 70$ mm

5.3.6 推压力卧式高精度测量子系统

发动机卧式推压力测量子系统如图 5-18 所示。试验台架由承力横梁、推力传感器、基座、动架槽钢、动架支柱、中心架等部分组成。试验对象通过中心架固定在动架槽钢上，动架槽钢与动架支柱通过簧板连接，发动机头部通过推力顶杆与横梁上的推力传感器连接。

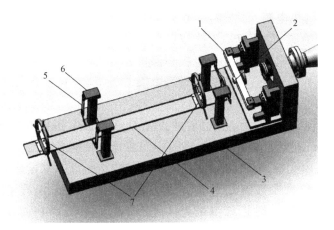

图 5-18 试验台架
1—承力横梁；2—推力传感器；3—基座；4—动架槽钢；5—簧板；6—动架支柱；7—中心架

5.4 加温器设计

试验台加温器用于试验台模拟发动机进气总温，进入发动机的空气可以采用间接加热或直接加热方式。间接加热就是采用换热器利用热量的交换加热空气，其优点在于加热源与待加热空气完全隔离；缺点在于在换热过程中存在较大的损失。直接加热就是采用燃料的燃烧产生热量或采用电能转换为热量加热空气（如电阻加温器、电弧加温器等）。在直接加热方式中，从试验研究的角度分析，采用电加热是一种最为理想的无污染、高效率的加热方式。针对本设计而言，达到温升及流量要求的电功率需求对于试验场地的供电能力提出了极高的要求。因此，采用直接加热中的燃烧加热就成为一种非常理想的方式。

加温器是试验台进气温度模拟的重要部件，必须满足试验台为发动机不同状态试验所要求的温度模拟条件，并且能适应状态改变时的温度变化。

5.4.1 加温器主要工作状态参数

在进行微型涡喷发动机加温器初步设计之前，需要首先确定加温器的主要工作状态参数：

（1）进口空气温度：T_3，K；
（2）燃料温度：T_{f3}，K；
（3）进口空气压力：P_3，Pa；
（4）进口空气质量流率：m_3，kg/s；
（5）进口空气密度：ρ_3，kg/m³；
（6）出口温度：T_4，K；
（7）燃烧效率：η_r；
（8）出口温度分布系数：Q。

其中空气密度 ρ_3 可根据理想气体状态方程加以计算。

加温器燃烧效率 η_r 可用下式加以估算[18]：

$$\eta_r = 0.71 + 0.15\tanh(1.547\ 5\times10^{-3}(T_3 + 108\ln(P_3 - 1\ 863))) \quad (5-20)$$

5.4.2 压力损失

加温器中总的压力损失包含了两部分，即热损失和冷损失，如式（5-21）所示：

$$\Delta P_t = \Delta P_{\text{hot}} + \Delta P_{3-4} \quad (5-21)$$

热损失（ΔP_{hot}）是指由加热引起的压力损失，一般占 P_3 的 0.5%～1%。冷损失一共包含了三部分：扩压器压损、蒸发管压损和火焰筒压损。

在现在的大部分加温器中，热损失如前所说，冷损失可以用式（5-22）加以计算：

$$\Delta P_{3-4} = \Delta P_{\text{diff}} + \Delta P_{\text{sw}} + \Delta P_L \quad (5-22)$$

其中，三部分的分配比例如下[19]：

$$\Delta P_{\text{diff}} \approx (0.3 \sim 0.4)\Delta P_{3-4} \quad (5-23)$$

$$\Delta P_{\text{sw}} \approx \Delta P_L \approx (0.3 \sim 0.4)\Delta P_{3-4} \quad (5-24)$$

不同结构加温器的流动阻力往往是不同的，可以用流阻系数来表示。通过"冷吹风试验"可以测得加温器在未燃烧状态下的流阻系数。对于某一具体加温器来说，当气流的雷诺数比较大时，流阻系数可以基本保持不变，这个状态称为"自模状态"。因此，对于目前大多数微型涡喷发动机加温器来说，一般都处于"自模状态"，只有加温器的结构形式才会影响流阻系数的大小[20]。总压损失系数和流阻损失系数由设计人员依据加温器的形式来确定，它的值可以很直观地反映不同加温器结构的流动阻力。在微型涡轮喷气发动机中，多采用环形加温器。其中，环形加温器相关系数值如表 5-1 所示。

表 5-1 总压损失系数、流阻系数取值

加温器形式	总压损失系数 $\left(\dfrac{\Delta P_{3-4}}{P_3}\right)/\%$	流阻损失系数 $\left(\dfrac{\Delta P_{3-4}}{q_{ref}}\right)/\%$
多筒加温器	7	37
环形加温器	6	20
环管加温器	6	28
注：q_{ref} 为参考压力。		

5.4.3 主燃区绝热火焰温度

在加温器中，假设主燃区的燃料完全燃烧，其释放出的热量完全用来加热燃烧产物以及剩余的过量空气，此时的主燃区温度称为主燃区绝热火焰温度。主燃区的温度变化对燃烧产物有很大影响。由图 5-19 可以看出，当主燃区的温度大于 1 700 K，小于 1 900 K 的时候，燃烧产物中的 CO 和 NO_x 含量都比较低，由此可以大致确定主燃区的温度[18]。

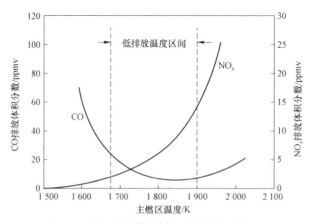

注：ppmv 是一种无量纲单位，表示百万分之一。

图 5-19 CO 和 NO_x 随主燃区温度的变化曲线图

因为主燃区的空气分配量将直接影响到主燃区的温度，所以可以根据主燃区的温度反推出主燃区的空气量。

根据燃料的组分可以计算出空气、燃料和燃气在不同温度下的热值（焓值），然后可以确定燃料的流量以及理论空气量。依据反应前后总的焓值相等有

$$m_{pz}(i_a^{T_{f1}} - i_a^{T_1}) + (i_f^{T_{f1}} - i_f^{T_1}) + m_f Q_u^{T_1} \eta_r = (m_{pz} + m_f)(i_g^{T_f} - i_g^{T_1}) \quad (5-25)$$

由此可计算出主燃区的理论空气量：

$$m_{pz} = m_f \frac{i_g^{T_f} - i_g^{T_1} - Q_u^{T_1} \eta_r}{i_a^{T_{f1}} - i_a^{T_1} - i_g^{T_f} + i_g^{T_1}} \quad (5-26)$$

式中　m_{pz}——主燃区的理论空气量；

　　　m_f——进入加温器内燃料质量；

　　　$i_a^{T_{f1}}$，$i_a^{T_1}$——空气在 T_{f1}、T_1 时的焓值；

　　　$i_f^{T_{f1}}$，$i_f^{T_1}$——燃料在 T_{f1}、T_1 时的焓值；

　　　$i_g^{T_f}$，$i_g^{T_1}$——燃气在 T_f、T_1 时的焓值；

　　　$Q_u^{T_1}$——T_1 时燃料低热发热量；

　　　T_{f1}——燃料进口温度；

　　　T_1——进口空气温度；

　　　T_f——主燃区燃气温度；

　　　η_r——燃烧效率。

因此，确定主燃区总空气流量的步骤一般为：

（1）根据燃烧污染物随主燃区温度的变化曲线确定主燃区温度；

（2）计算主燃区的燃烧效率 η_r；

（3）根据式（5-26）计算主燃区空气量 m_{pz}。

5.4.4　空气流量初步分配

在实际加温器中，进入的空气一般分为三部分：第一部为燃料充分燃烧提供充足的氧气；第二部分用于和燃烧产物混合，降低排出燃气的温度使之达到发动机工作要求的出口温度 T_4；第三部分用于火焰筒的冷却，使得壁面温度在材料的承受范围之内。因此，需要按照一定的规律，合理地分配空气流量。

所谓流量分配，是指空气沿着加温器火焰筒轴向通过各排孔进入火焰筒内部的进气规律。通过对火焰筒各进气装置的数目、形状、尺寸以及配

置的设定，可以完成对进入加温器的空气流量的分配。加温器空气流量的分配是燃烧时初步设计过程中最基本的问题，可以影响到加温器的大部分性能参数，比如加温器的点火、燃烧效率、总压损失，以及壁面温度、出口温度的分布等。

进入加温器的空气大致分为以下几个部分：
（1）主燃孔总的空气量，m_{ph}；
（2）蒸发管空气量，m_{sw}；
（3）锥顶冷却空气量，m_{dz}；
（4）掺混孔总的空气量，m_{dc}；
（5）用于加温器冷却的空气量，m_c。

主燃区的空气量主要由三部分组成，包括主燃孔总空气量、蒸发管空气量、锥顶冷却空气量。即

$$m_{pz} = m_{ph} + m_{sw} + m_{dz} \quad (5-27)$$

锥顶冷却的空气流量 m_{dz} 约占主燃区总空气量的 10%～15%[21]。蒸发管的空气流量 m_{sw} 约占主燃区总空气量的 20%～40%[20]。

加温器冷却空气量包含两部分：掺混孔空气量、火焰筒壁面冷却空气量。

$$m_c = m_{dc} + m_{lc} \quad (5-28)$$

式中，m_{lc} 指的是用于冷却火焰筒壁面的空气量，对于加温器来说，m_{lc} 一般占总进气量的 20%。

除了主燃区空气量、用于冷却火焰筒壁面的空气量，剩下的即为掺混孔空气量 m_{dc}，这部分空气的主要作用是使加温器的出口温度达到设计要求。

5.4.5 机匣和火焰筒尺寸

在加温器的初步设计过程中，机匣的最大截面积主要与压力损失相关。其计算公式如下[18]：

$$A_{ref} = \left[\frac{R_a}{2} \left(\frac{m_3 T_3^{0.5}}{P_3} \right)^2 \frac{\Delta P_{3-4}}{q_{ref}} \left(\frac{P_{3-4}}{P_3} \right)^{-1} \right]^{0.5} \quad (5-29)$$

压损系数 $\dfrac{P_{3-4}}{P_3}$ 和流阻损失系数 $\dfrac{\Delta P_{3-4}}{q_{ref}}$ 的值主要由设计者选定，可查看表 5-1。流阻损失系数是总压损失与参考动压的比值，参考动压的定义为

$$q_{\text{ref}} = \frac{1}{2}\rho_3 V_{\text{ref}}^2 \tag{5-30}$$

式中，V_{ref} 为参考速度，其表达式为

$$V_{\text{ref}} = \frac{m_3}{\rho_3 A_{\text{ref}}} \tag{5-31}$$

在确定了机匣的截面积 A_{ref} 之后，可以计算出机匣的直径 D_{ref}：

$$D_{\text{ref}} = \sqrt{A_{\text{ref}}\frac{4}{\pi}} \tag{5-32}$$

随后确定火焰筒的截面积，通常认为火焰筒的面积越大越好，因为当火焰筒的截面积增大时，火焰筒内的燃气流速相对来说会降低，使得燃气在火焰筒内的滞留时间相对增加，对于发动机的点火有一定的好处，也使得加温器内的燃烧更加稳定，提升燃烧效率。但是由于机匣面积是一定的，如果增大了火焰筒的截面积，环腔的截面积就会减小，这会使得环腔内空气流速增加的同时静压会降低，从而导致孔的静压降减小。因此，过大的火焰筒截面积会使得射入火焰筒内的流体的穿透力有所下降而引起流体的湍流强度不足，不利于流体射入火焰筒内与燃烧产物的混合。

Sawyer[22]通过大量试验研究得出，火焰筒和机匣的面积比一般为 $0.6 \sim 0.72$，即

$$A_{\text{L}} = (0.6 \sim 0.72)A_{\text{ref}} \tag{5-33}$$

此外，Lefebvre 也通过大量研究，认为两者之间存在一定的比例关系[18]：

$$A_{\text{L}} = k_{\text{opt}} A_{\text{ref}} \tag{5-34}$$

式中，k_{opt} 是两者的最佳比值，可通过下式确定：

$$k_{\text{opt}} = 1 - \left(\frac{(1-W_{\text{sn}})^2 - \lambda_{\text{diff}}}{\frac{\Delta P_{3-4}}{q_{\text{ref}}} - \lambda_{\text{diff}}^2}\right)^{1/3} \tag{5-35}$$

式中，W_{sn} 为从导流口进入火焰筒的相对流量；λ_{diff} 为扩压器压力损失系数。

对于 Lefebvre 提出的计算方法，需要已知的条件比较多，且相对来说计算复杂，不适用于初步设计阶段。根据加温器的结构特点，本节采用 Sawyer 的计算方法，取火焰筒面积为机匣面积的 $0.6 \sim 0.72$ 倍。

由火焰筒截面积即可得到火焰筒的直径为：

$$D_{\mathrm{L}} = \sqrt{A_{\mathrm{L}} \frac{4}{\pi}} \qquad (5\text{--}36)$$

火焰筒的内径可由加温器横截面面积分配规律得到：$A/B=D/C$，即

$$(D_{\mathrm{ref}}^2 - D_{\mathrm{Lo}}^2)/(D_{\mathrm{Lo}}^2 - D_{\mathrm{cav}}^2) = (D_{\mathrm{Li}}^2 - D_{\mathrm{i}}^2)/(D_{\mathrm{cav}}^2 - D_{\mathrm{Li}}^2) \qquad (5\text{--}37)$$

及

$$A_{\mathrm{L}} = \pi(D_{\mathrm{Lo}}^2 - D_{\mathrm{Li}}^2)/4 \qquad (5\text{--}38)$$

式中　D_{Lo}——火焰筒外径；

　　　D_{Li}——火焰筒内径；

　　　D_{cav}——火焰筒中径；

　　　D_{i}——中心轴套筒直径。

随后可以确定环腔的面积。环腔的面积指的是火焰筒的外表面和机匣的内表面之间的部分面积，当机匣和火焰筒的面积都确定之后只需要再知道火焰筒的壁厚 t_{liner} 就可以算出来。公式如下：

$$A_{\mathrm{N}} = A_{\mathrm{ref}} - \frac{4}{\pi}(D_{\mathrm{L}} + 2t_{\mathrm{liner}})^2 \qquad (5\text{--}39)$$

火焰筒的壁厚 t_{liner} 可根据火焰筒的材料来选定。

5.4.6　火焰筒长度

现代加温器中，火焰筒主要由主燃区和掺混区组成。主燃区的主要作用是让燃料及空气的混合物能有一个稳定的空间及足够的时间来燃烧，如果主燃区长度偏短，会使得燃料在加温器内驻留的时间偏短，燃烧就会不够充分，导致燃料还未烧完就被冷却，燃烧效率降低；如果长度过长，那么火焰筒需要冷却的长度就会变长，会增加冷却空气量而减少燃烧空气量，这些对于稳定燃烧都是不利的。针对加温器的特点以及燃烧的特性，可取火焰筒主燃区长度为火焰筒直径的 1/3 左右，即

$$L_{pz} = 1/3 D_{\mathrm{L}} \qquad (5\text{--}40)$$

掺混区是用来使燃气和冷空气进行混合的区域，以此来降低燃气温度，让燃气温度达到发动机的出口温度分布要求。所以，要根据出口温度分布系数 Q 来确定掺混区的长度。对于简单的环形加温器来说，由于其燃油流量和空气流量都比较小，因此掺混区的长度通常是只取火焰筒直径的 1/4~1/3。如果长度过短，掺混的效果会降低，过长则会增加掺混的空气量，所以比较合适的就是取火焰筒直径的 1/4~1/3，则

$$L_d = \left(\frac{1}{4} \sim \frac{1}{3}\right)D_L \tag{5-41}$$

出口温度分布系数 Q 的定义式如下

$$Q = \frac{T_{max} - T_3}{T_4 - T_3} \tag{5-42}$$

对于环形燃烧室来说，出口温度分布系数为

$$\frac{T_{max} - T_3}{T_4 - T_3} = 1 - \exp\left(-0.05 \frac{L_L}{D_L} \frac{\Delta P_L}{q_{ref}}\right)^{-1} \tag{5-43}$$

$$L_L = \frac{D_L q_{ref}}{-0.05 \Delta P_L e^{1 - \frac{T_{max} - T_3}{T_4 - T_3}}} \tag{5-44}$$

式中　L_L——火焰筒的长度；

ΔP_L——火焰筒的压力损失。

5.4.7　主燃孔设计

由前人总结的设计经验可以得出，加温器的主燃孔在燃油喷嘴的下游，两者之间的距离和火焰筒头部的高度相等。对于基于微型涡喷发动机的加温器，由于结构比较小，为了使燃油有更多时间更多空间燃烧，可以选择主燃孔位于蒸发管出口同一截面处。

主燃孔的结构类型应该根据发动机的类型来确定，可选用结构简单、加工成本低的圆孔。

5.4.8　掺混孔设计

掺混孔的主要作用是使主燃区流过来的高温燃气与从掺混孔进来的冷空气混合，使得混合后排出的燃气满足设计要求中确定的出口温度分布。其示意图如图 5-20 所示。

对于环形加温器来说射流的最大深度大约为 $0.4 D_L$。

$$Y_{max} = 0.4 D_L \tag{5-45}$$

最大射流深度和射流孔有效直径存在着如下的关系：

$$Y_{max} = 1.25 d_j J^{0.5} \frac{m_g}{m_g - m_j} \tag{5-46}$$

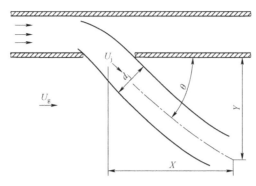

图 5-20 掺混孔示意图

其中，m_g 是气体的质量，J 是掺混射流与主流的动量比。

$$J = \frac{\rho_j U_j^2}{\rho_g U_g^2} \quad (5-47)$$

式中　ρ_j——掺混孔的气流密度；
　　　ρ_g——主流燃气的密度；
　　　U_j——射流孔的空气流速；
　　　U_g——主燃气的流动速度。

其计算方法如下：

$$\rho_g = \frac{P_3}{R_a T_g} \quad (5-48)$$

$$U_j = \left(\frac{2\Delta P_L}{\rho_3}\right)^{0.5} \quad (5-49)$$

$$U_g = \frac{m_g}{\pi D_L^2 \rho_g / 4} U_j \quad (5-50)$$

式中，R_a 为气体常数；T_g 为燃气的温度，这里可取主燃区出口的温度。

根据最大射流深度可以确定掺混孔的有效直径，掺混孔的实际直径 d_h 和有效直径 d_j 之间的关系如下：

$$d_h = d_j / \sqrt{C_D} \quad (5-51)$$

式中，C_D 表示掺混孔的流量系数。

在火焰筒的壁面上有 n_h 个掺混孔，那么总的掺混孔的空气质量流率为 m_j：

$$m_j = \frac{\pi}{4} n_h \quad (5-52)$$

由此可以算出掺混孔的个数 n_h 为

$$n_h = \frac{m_j}{\frac{\pi}{4}d_j^2 U_j \rho_j} \quad (5-53)$$

一般情况下，掺混孔的空气量占进入加温器的总空气量的 20%～40%。

5.4.9 冷却孔设计

在前面已经对火焰筒的冷却空气量做过初步分配，则根据气体的不可压缩原理可以得到[21]：

$$A_{hc} = \frac{m_{hc}}{C_D \sqrt{\Delta P_L 2\rho}} \quad (5-54)$$

式中　A_{hc}——冷却孔总面积；
　　　m_{hc}——火焰筒总的空气流量；
　　　C_D——冷却孔的流量系数；
　　　ρ——空气密度，取进口空气密度值 ρ_3。

由此可确定孔的数量及直径为

$$n_{hc} = \sqrt{\frac{4}{\pi}\frac{A_{hc}}{d_{hc}}} \quad (5-55)$$

式中　n_{hc}——冷却孔的数量；
　　　d_{hc}——冷却孔的直径。

在一定范围内，冷却孔的直径越大，可以使得进入冷却孔的空气量增多，冷却效果会更好。但是不能超过一定范围，如果冷却孔太大，会使得用于冷却的空气过多，而减少了用于燃烧的空气量，反而得不偿失。因此，合理地选择冷却孔的直径大小至关重要。

5.5　调压系统设计

根据发动机进气总压调节要求，需要在进气管道增设调压阀，用于调节进入加温器的来流总压。气体流动管路阀门特性参数计算公式如下[17]：

$$C_v = \frac{Q_g}{249} \times \frac{\sqrt{GT}}{P_1} \quad (P_1 \geqslant 2P_2)$$

$$C_v = \frac{Q_g}{289} \times \sqrt{\frac{GT}{\Delta P(P_1+P_2)}} \quad (P_1 < 2P_2) \tag{5-56}$$

式中 C_v——调节阀的流量系数,即表示全开条件下一个单元的流通能力;

G——在标准温度 15 ℃下,气体相对于空气的重量,等于气体的分子量与空气的分子量之比;

P_1——阀前压力(atm[①]);

P_2——阀后压力(atm);

ΔP——调节阀前后压力差,即 $P_1 - P_2$;

T——标准状态下温度,即 15 ℃;

Q_g——在温度 15 ℃、1 个大气压下气体流量(m^3/h)。

确定调节阀通径包括下列步骤[22]:

(1)确定操作条件。例如,流量是最大流量还是正常流量,阀前和阀后压力是否是阀全开时的数据,流体密度是在什么条件下的数据等。

(2)确定调节阀计算流量系数。根据工艺提供的操作通径,根据调节阀制造商提供的固体类型控制阀的数据,根据配管是否有附加的缩径或扩径管件等,计算调节阀的计算流量系数。

(3)确定调节阀额定流量系数。根据控制阀制造商提供的产品说明书和调节阀的计算流量系数,确定调节阀的额定流量系数,计算调节阀开度,对实际可调比进行验算。

5.6 测试控制系统设计

5.6.1 设计要求

供气子系统闸阀及流量调节阀执行器由 PLC 控制,其压力、温度及流量由压力变送器、温度传感器、流量变送器数据采集 PLC 完成。补氧子系统的电磁阀及调节阀由 PLC 控制。燃油供给子系统中的电磁阀及变频电机控制器

注:① 1 atm≈0.1 MPa。

由 PLC 控制。加温器出口温度与压力，供油压力与流量，来流压缩空气的温度、压力及流量以及补氧子系统的温度、压力及流量由数据采集软件采集。

所有闸阀执行器均改用 PLC 下位机联动控制，以避免上位机阀门执行器到达上下死点位置时信号反馈不及时而造成瞬间过载；所有电磁阀、电控触点均改成 PLC 控制器，以便于及时反馈执行结果。

吸气式发动机地面直连试验系统测量与控制子系统由 PLC 控制子系统以及上位机综合控制子系统两部分构成。

5.6.2 PLC 控制系统

PLC 控制系统主要实现各传感器的信号采集及数据变换，实现主气/辅气调节阀的自动控制，实现氧气调节阀的自动控制及燃油压力的自动调节，用于温度的自动控制。

1. 主气控制系统

主气控制系统由 PLC–CPU 222、两块模拟量输入输出模块 EM 235 及热电偶输入模块 M–7018 构成，系统结构示意图如图 5–21 所示。其中，主气/辅气

图 5–21 主气控制系统结构

闸阀控制：开关及状态输入信号（开关量）接入 CPU 222 本体 IO 控制点；主气/辅气调节阀反馈：模拟量输入信号（4～20 mA）接入 EM 235 模拟量输入通道；主气/辅气调节阀输出：模拟量输出信号（4～20 mA）接入 EM 235 模拟量输出通道；前侧压力/后侧压力：压力信号（4～20 mA）接入 EM 235 模拟量输入通道；主气流量：脉冲信号接入 CPU 222 高速计数通道（I0.0）；前侧温度/后侧温度（3 路）：热电偶温度信号接入 M-7018。

2. 氧气控制系统

氧气控制系统由 PLC-CPU 222、模拟量输入输出模块 EM 235（4AI/1AO）构成，系统结构框图如图 5-22 所示。氧气电磁阀控制：开关输出信号（DO）接入 CPU 222 本体 IO 控制点；氧气调节阀反馈：模拟量输入信号（4～20 mA）接入 EM 235 模拟量输入通道；氧气调节阀输出：模拟量输出信号（4～20 mA）接入 EM 235 模拟量输出通道；氧气压力：压力信号（4～20 mA）接入 EM 235 模拟量输入通道；氧气流量：脉冲信号接入 CPU 222 高速计数通道（I0.0）。

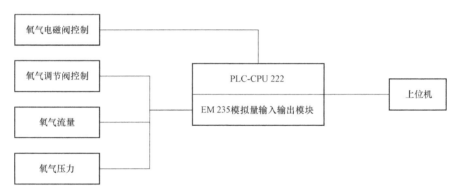

图 5-22 氧气控制系统结构

3. 燃油控制系统

燃油控制系统由 PLC-CPU 224、模拟量输入输出模块 EM 235（4AI/1AO）及油压调节电机控制器构成，系统结构框图如图 5-23 所示。燃油电磁阀控制：开关输出信号（DO）接入 CPU 224 本体 IO 控制点；点火器控制：开关输出信号（DO）接入 CPU 224 本体 IO 控制点；燃油调节阀输出：模拟量输出信号（4～20 mA）接入 EM 235 模拟量输出通道；燃油压力：压力信号（4～20 mA）接入 EM 235 模拟量输入通道；燃油流量：脉冲信号接入 CPU 224 高速计数通道（I0.0）；燃油压力调节电机：油压调节电机由 RS-485 总线控制，直接接入 485 总线。

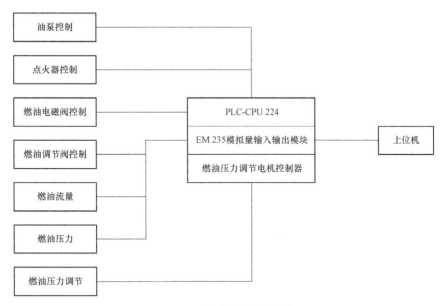

图 5-23　燃油控制系统结构

4. 现场总线

控制系统总线采用工业总线 RS-485 标准布置，从上位机 RS-485 接口到各 PLC、M-7018 及油压调节电机控制器手拉手布置，总线布置示意图如图 5-24 所示。

图 5-24　系统总线布置

5.6.3　上位机软件

本系统采用 RS-485 控制总线配合 PLC 内部自动控制系统，通过参数反馈来控制加温系统的喷油量、主气压力，实现稳定加热温升和燃气压力的目的。软件通过用户设定加热温度和压力来自动调节系统达到目标，在加热过程中设有超温超压保护，保证设备安全。程序对每次试验中所有状态参数都进行记录以供试验后检查分析。系统控制软件采用 C#编写，可以运行在安装了.Net 平台的所有 Windows 平台。

1. 软件结构介绍

上位机控制系统软件由上位机交互界面、中间数据存储及现场通信接口三大部分组成，主体结构框图如图 5-25 所示。

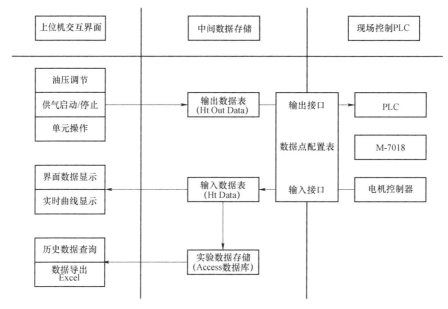

图 5-25　软件框架结构

2. 软件模块说明

系统整体控制界面如图 5-26 所示。界面分为以下几个区域：试验整体控制区域、实时曲线显示区域、实时数据显示区域、单元测试区域、操作日志输出区域。可以通过历史数据查询界面查询整个试验的历史数据。

中间数据存储模块建立对应的内存数据表用于临时存储由通信接口采集的现场数据及人机交互界面操作产生的输出数据。所有的人机交互操作均只改变内存数据表中的对应值，一并由通信接口统一定时下发，此设计可以避免由于操作过于频繁而造成通信堵塞，从而影响通信接口的数据采集。所有数据采集后，在试验开始的条件下通过 Access 数据库接口对输入数据进行写库操作，存储整个试验进程的数据，供历史数据查询及数据导出使用。

第 5 章 地面直连试验系统设计及其运用

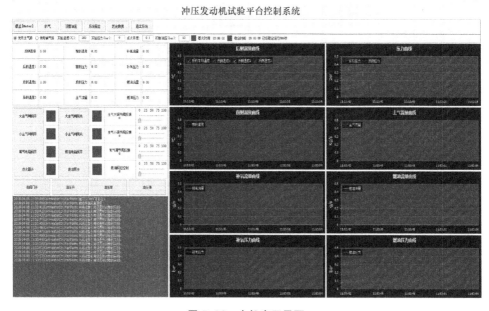

图 5-26 人机交互界面

通信接口依据 Modbus 标准串行通信协议编制，通信间隔 1 s，数据采集及控制数据输出依据数据点配置表操作相应的寄存器地址。

3. 软件使用

本程序人机交互界面可以实现的主要功能包括单元测试、试验控制、历史数据查询等。

提供调试及试验过程人工干预的功能，用户可以通过界面单独调试系统中所有可以控制的单元。如图 5-27 所示，可控单元主要有：燃油调节阀控制、油压控制、氧气阀位控制、主气大阀位控制、主气小阀位控制等；点火开关控制、主气大开控制、主气大关控制、主气小开控制、主气小关控制、氧气电磁阀开关控制、燃油泵开关控制、燃油电磁阀控制，油压升、油压停、油压降、油阀门开等控制。

模拟设定与控制模块程序主界面如图 5-28 所示。用户首先需设定初始油压，一般为 10 bar 左右，单击调整油压，将系统初始油压调整到设定的油压，之后进行供气试验。

用户在此设定试验参数，包括选择试验使用气路，设定试验压力、燃烧温度和点火开度。此处点火开度一般设置为大于 0 的小开度，输出对应气路的电动调节阀到相应开度，1 s 后系统喷油开始并且点火，系统会暂时在此稳定，燃

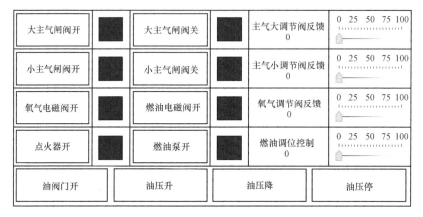

图 5-27 单元测试功能

图 5-28 模拟设定与控制模块

油泵工作，当点火稳定后，压力继续向试验压力稳定。图 5-29 所示窗口内曲线反应了系统中重要测点的时间曲线，实时检测了系统的运行状态及参数：后测稳定，补氧流量，前测压力，氧气压力，燃油压力，燃油流量，油泵状态，点火状态，点火时间等。

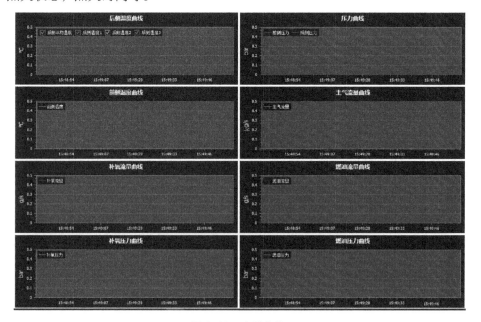

图 5-29 实时曲线

5.7 某固体火箭冲压发动机性能及燃烧产物分析

本节对某固体火箭冲压发动机展开地面直连式试验研究，分析在两个对称的入口总温为 607 K、总压为 3.8 bar 的进气道条件下，贫氧推进剂产生的燃气在发动机补燃式内二次燃烧特性；收集尾喷管喷出的凝聚相产物，结合 XPS 和 SEM 等设备，对产物成分以及分布规律进行研究。

5.7.1 试验测量位置

直连式试验台加温器后段安装有总温耙及总压耙，可得到进气道前端入口总压及总温。燃气发生器头部端盖通过推力顶杆与推力传感器相连接，采集发动机的推力变化趋势，如图 5-30 中 1 处位置所示。在进气道的喉道处上下两侧设置两组采压孔和采温孔，每组 3 个采集孔；试验时，左右进气道各采集一个总压和一个总温，其余未使用的采集孔使用堵塞进行密封，如图中所示 2、3 位置处。在补燃室尾喷管入口处（图中 4 处）设置采压孔，获得补燃室尾喷管入口处的近壁面静压。采温孔与采压孔相隔 180° 圆周对称，通过热电偶采集补燃室近壁面处燃烧产物的温度。

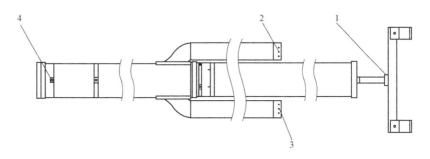

图 5-30　传感器安装位置示意图

5.7.2 测量设备

1. 扩散硅式压力传感器

扩散硅式压力传感器具有高稳定性、低温漂的特点，适应本次试验的环境且满足本试验要求。在本次试验中，燃气发生器处选用 0~10 MPa 量程的压力传感器，在进气道处选用 0~1 MPa 量程，在补燃室处选用 0~2.5 MPa 量程。所有压力传感器均为三线接法的、输出信号为 1~5 V 的线性电压信号，精度为 0.05%。

2. K 型热电偶

K 型热电偶因与工作介质直接接触，不受介质的影响，故具有较高的精度。K 型热电偶的热电势直线性良好并且在 1 000 ℃以下的耐氧化性良好，本试验中将 K 型热电偶用于进气道喉道处的温度采集，量程为 0~1 100 K，精度为 0.2%。

3. 钨铼热电偶

钨铼热电偶具有温度/电势线性关系好、热稳定性可靠、价格便宜等优点。与显示仪表配套，可直接测量液体、蒸汽和气体介质等的温度。本试验在补燃室处使用的热电偶为钨铼热电偶，最高可承受 2 300 K 的温度，精度为 0.2%，用于测量补燃室内的中后段温度分布。

4. 高精度轮辐式拉压力传感器

高精度轮辐式拉压力传感器具有高度低、精度高、线性度好、抗偏载及侧向力能力强等一系列特点，它既可用于测量压力，也可用于测量拉力。本试验将其用于采集发动机的推力数据，使用的传感器量程为 700 kg，输出电压为 0~5 V，灵敏度为 2.0 mV/V。

5. 数据采集卡

采集卡是将传感器模拟信号转换为数字信号并传输给上位机的一种硬件，试验选用高性能数据采集卡作为压力传感器、温度传感器以及推力的采集记录设备。

5.7.3 发动机性能测量

直连试验系统进气道气流总压为 3.8 bar、总温为 607 K，贫氧推进剂产生的燃气在发动机补燃室内具有二次燃烧特性。通过试验测得进气道喉道处总温及总压、燃气发生器内总压、补燃室中段和尾喷管入口处静压及温度变化。

图 5-31 为直连式试验台后侧总压及总温曲线。试验过程中，需要先在直连式试验台上调整出进气道入口工况，将后侧进气调整到试验需要的总温与总压。从图中可知，温度达到预定工况后基本保持不变。调节流量调节阀开度，

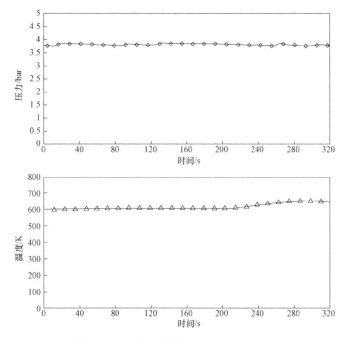

图 5-31 直连式试验台后侧总压及总温曲线

调整来流总压与设计值基本相同,可认为达到预计试验工况。

图 5-32 为燃气发生器内压力变化曲线。从燃气发生器的压力曲线变化中可知燃气发生器被点火药包点着之后,压力攀升至 0.34 MPa。随着推进剂被点燃,压强随时间逐渐上升。当推进剂燃尽时,压强迅速下降。

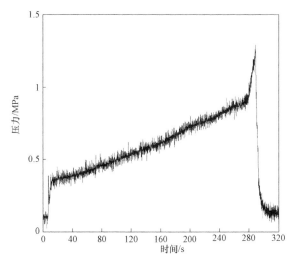

图 5-32 燃气发生器内压力变化曲线

图 5-33 为左右两侧进气道喉道处总压以及总温随时间变化曲线。如图所示，左右两侧进气道总压曲线随时间变化趋势一致，总压数值与试验台后侧总压并不一致，在 0.32 MPa 上下浮动。原因在于后侧测量点距进气道喉道处有一定距离，加温后的气体在运动过程中存在总压损失，根据数据显示总压损失为 15%。左右两侧进气道总温变化趋势一致，在发动机工作过程中没有出现明显波动。

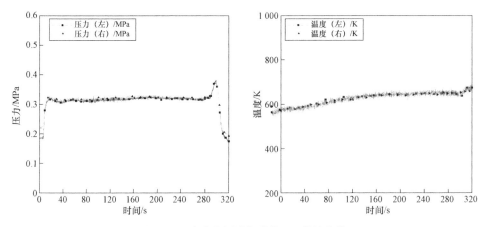

图 5-33　左右两侧进气道总压、总温曲线

图 5-34 为补燃室尾喷管入口处静压曲线和温度曲线。如图所示，燃气发生器启动之后，喷管处压力上升至 0.3 MPa，随后一直处于平稳状态，没有出现明显波动现象。燃气发生器停止工作后，压力恢复至初始状态。喷管入口段温度变化较快，点火后迅速升至 2 000 K，随后平稳升至 2 200 K，燃气发生器停止工作后，温度开始下降。

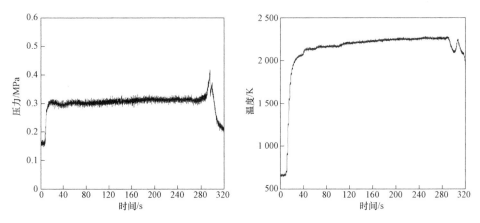

图 5-34　补燃室中段和尾喷管入口处静压、静温曲线

图 5-35 为发动机推力变化曲线。燃气发生器点火之后推力迅速增至 2 200 N，随着燃气发生器内部压力进一步增大，推力进一步增加，最终增至 2 400 N，变化过程较为平稳。燃气发生器停止工作后，推力迅速下降至初始水平。

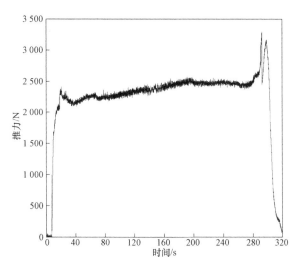

图 5-35　发动机推力变化曲线

图 5-36 为发动机工作现场录像，可以看出尾喷管处火焰明亮，有明显凝聚相产物排出。

图 5-36　发动机工作现场录像

图 5-37 为试验后拆解的补燃室内部结构图，可以看出在进气道下游方向存在最大烧蚀处，说明此处回流效应较强，对该处的隔热层要求较高。

5.7.4　凝聚相燃烧产物分析

本节对固冲发动机地面直连试验所产生的凝聚相燃烧产物进行分析。首先对燃气发生器位置、尾喷管位置和发动机室外轴向分布位置的凝聚相燃烧产物进行收集，随后结合 SEM 以及 XPS 等相关仪器设备对凝聚相燃烧产物的成分特性与分布规律进行研究。

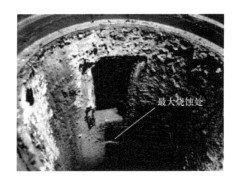

图 5-37 补燃室内部结构图

1. 凝聚相燃烧产物收集

如图 5-38 所示，从固冲发动机的地面直连试验装置上总共采取了 5 份凝

图 5-38 凝聚相产物收集图
（a）燃气发生器药包残余；（b）尾喷管处残余；（c）室外收集装置；（d）采集样品；
1—燃气发生器药包处残余；2—尾喷管处残余；3—P3 位置；4—P5 位置；5—P7 位置

聚相燃烧产物的样品。分别来自：燃气发生器药包残余、尾喷管处残余以及室外收集装置的 P3、P5、P7。其中室外收集装置布置有 7 组，沿发动机尾喷管轴向分布间距 1 m，收集盘尺寸为 400 mm×310 mm×50 mm。

从外观上来看，除尾喷管处残余外，样品均为黑色颗粒状固体，尾喷管处残余为片状灰色固体。

2. 凝聚相燃烧产物扫描电镜与 X 射线能谱分析

扫描电子显微镜（Scanning Electron Microscopy，SEM），主要用于观察样品的表面形貌、管腔内表面的结构等。与普通光学显微镜不同，SEM 是通过控制扫描区域的大小来控制放大率的。

在 SEM 中，位于焦平面上下的一小层区域内的样品点都可以得到良好的会焦而成像。这一小层的厚度称为场深，通常为几纳米厚，所以 SEM 可以用于纳米级样品的三维成像。当一束高能的入射电子轰击物质表面时，被激发的区域将产生二次电子、特征 X 射线、背散射电子、透射电子，以及在可见、紫外、红外光区域产生电磁辐射。同时，也可产生电子—空穴对、晶格振动（声子）、电子振荡（等离子体）。利用电子和物质的相互作用，可以获取被测样品本身的各种物理、化学性质的信息，如形貌、组成、晶体结构等。

X 射线能谱分析法，简称 EDS（Energy Dispersive Spectroscopy）方法。它是分析电子显微方法中最基本的分析方法，常常与场发射扫面电镜一起使用。X 射线能量色散谱分析方法是利用不同元素的 X 射线光子特征能量不同进行成分分析。通过特征 X 射线的产生，入射电子使内层电子激发，内壳层电子被轰击后跳到比费米能高的能级上，电子轨道内出现的空位被外壳层轨道的电子填入时，作为多余的能量放出的就是特征 X 射线。高能级的电子落入空位时，要遵从所谓的选择规则，只允许满足轨道量子数 1 的变化的特定跃迁。特征 X 射线具有元素固有的能量，所以将它们展开成能谱后，根据它的能量值就可以确定元素的种类，而且根据谱的强度分析就可以确定其含量。

本次样品处理所采用的仪器为日本电子 JSM–IT500HR 扫描电子显微镜。发射源为：肖特基场发射电子枪；加速电压：1～30 kV；放大倍数：12 x～1 000 000 x。高真空模式下分辨率：15 kV 下优于 1.2 nm，1 kV 下优于 3.0 nm。

试验样品的 SEM 照片如图 5–39 所示，放大倍数为 5 000 x。样品 1 来自燃气发生器残余，从图中可以看出，粒径在 2～5 μm 之间，凝聚相表面附着了圆球状的氧化硼，凝聚相之间存在明显的间隙。样品 2 来自尾喷管残余，对比可以看出，样品 2 的所有凝聚相产物被粘在一起，相互之间的界限比较模糊。这是由于尾喷管处气流速度和温度较高，来自燃气发生器内部的凝聚相产物被冲刷至尾喷管壁面上冷却凝结，凝聚堆积效果较为明显。从外轮廓中依然可以看出凝聚相产物表面有明显的球状氧化硼附着。除此之外，凝聚相表面还附着了更为细小的片状颗粒，经 EDS 测定存在一定量的氧化镁。

样品 1　　　　　　　　　　　　　　样品 2

图 5-39　发动机内部凝聚相产物 SEM 照片

样品 3～5 取自室外收集器中的 P3、P5、P7，如图 5-40 所示，放大倍数为 5 000 x。距离发动机尾喷管为 3 m、5 m 和 7 m 的距离。粒径在 5～10 μm，凝聚相的形貌差别不是特别大，只是样品表面的鳞状物逐渐增多，这是因为硼的氧化物会与空气中的水蒸气发生反应，生成鳞状的晶体硼酸 H_3BO_3。样品 4 和样品 5 中夹杂在晶体硼酸中的凝聚物表面也存在片状颗粒，经 EDS 测定存在氧化镁。

样品 3　　　　　　　　　　　　　　样品 4

图 5-40　室外收集器凝聚相产物 SEM 照片

样品 5

图 5-40 室外收集器凝聚相产物 SEM 照片（续）

利用 EDS 分析 B、C、O、Mg 四个元素的质量比。从表 5-2 中，可以看出样品 2 处 C 元素的质量含量最高，这是由于贫氧推进剂在燃烧过程中含有大量未燃尽的 C 颗粒。高温气流将大部分 C 颗粒冲刷至壁面上，冷却后造成该处的 C 含量较高。除样品 2 以外，其余样品的 O 含量占比变化不大，样品 2 处的 O 含量最低，说明尾喷管处的氧化物质量占比较少，C 的质量占比较多。从样品 3 和样品 4 可以看出，B 元素的质量占比下降较快，说明凝聚相产物在室外被氧化。样品 5 处的 B 含量略微增大，这是由于样品 5 的收集处位于气流的回流区内，收集到的 B 的氧化物较多。

表 5-2 电子衍射能量谱（EDS）测试结果

元素	样品 1/%	样品 2/%	样品 3/%	样品 4/%	样品 5/%
B	17.78	27.81	24.49	6.63	8.62
C	14.24	37.42	10.36	15.59	24.14
O	66.77	32.45	63.59	74.32	64.79
Mg	1.21	2.32	1.56	3.1	2.44

3. 凝聚相燃烧产物 X 射线光电子能谱分析（XPS）

X 射线光电子能谱分析简称 XPS（X-ray Photoelectron Spectroscopy analysis），是固体表面分析中一种常用的仪器分析方法，特别适用于固体材料的分析和元素化学价态分析。X 射线光电子能谱基于光电离作用，当一束光子辐照到样品表面时，光子可以被样品中某一元素的原子轨道上的电子所吸收，使得该电子脱离原子核的束缚，以一定的动能从原子内部发射出来，变成自由的光电子，而原子本身则变成一个激发态的离子。可以测量光电子的能量，以光电子的动能为横坐标、相对强度（脉冲/秒）为纵坐标作出光电子能谱图，从而获得试样有关信息。XPS 主要是测定电子的结合能来实现对表面元素的定性分析，同时还可以对样品元素的价态进行分析。

本次 XPS 分析的设备型号为 PHI QUANTERA II。技术指标：系统到达真空 $<5\times10^{-10}$ Torr[①]；Ag 样品 XPS 光电子能量分辨率 Ag3d5/2 峰半高宽 FWHM <0.50 eV；PET 样品 XPS 光电子能量分辨率 C1s 的 O=C—O 峰半高宽 FWHM <0.85 eV；最小 X 射线斑束 <9.0 μm 在 x 方向，$\geqslant9.0$ μm 在 y 方向；XPS 灵敏度 >15 kc/s，<10.0 μm 能量分辨率，<0.60 eV 离子枪最大电流。

图 5-41～图 5-45 分别为各采集位置的燃烧产物能谱图，图中横坐标为结合能，纵坐标为谱峰强度。

由图 5-41 可以看出，燃气发生器药包处的残余产物中主要含有 C、O、B、Mg 四种元素。其中 Mg 元素的原子占比仅为 1%，说明燃气发生器内部残余 Mg 的相关氧化物较少。

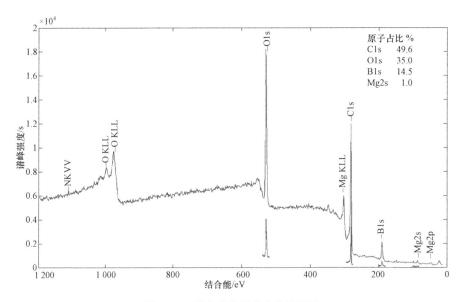

图 5-41 燃气发生器处产物能谱图

从图 5-42 可以看出，尾喷管处产物中的元素种类较多，除了已知的 B、Mg 元素之外，还检测出了 Si 和 K 元素，其中 Si 元素源自于补燃室的灰尘之

注：① 1 Torr≈133.322 4 Pa。

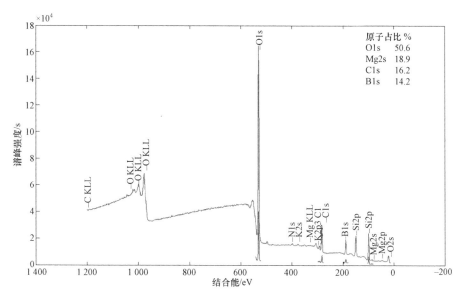

图 5-42 尾喷管处产物能谱图

中。发动机工作时，在气流作用下，尘土中的 Si 元素与 B 或 Mg 的氧化物结合在一起，沉积在发动机尾喷管边缘。在此图中，Mg 元素所占的原子比为 18.9%，说明此处 Mg 氧化物的沉积质量较燃气发生器处明显提高。B 元素的原子占比变化不大，说明 B 的氧化物在发动机中的残余分布较为均匀。

图 5-43 为室外产物收集器中 P3 处的产物能谱图，P3 距尾喷管 3 m。产物中仍主要含有 C、O、B、Mg 四种元素。Mg 的原子占比为 4.9%，相比于尾喷管处，出现明显减少情况。说明 Mg 的相关氧化物大多数都沉积在尾喷管处，发动机喷出的含量较少。B 元素的原子占比为 17.4%，较尾喷管处有一定的提高。

图 5-44 为室外产物收集器中 P5 处的产物能谱图，P5 距尾喷管 5 m。产物中仍主要含有 C、O、B、Mg 四种元素。Mg 的原子占比为 2.7%，相比于 P3 处，含量减少。说明 Mg 的氧化物在飞行中受到阻力以及重力的作用，逐渐降落在地面上，随着飞行距离的增加，被收集的产物逐渐减少。B 的原子占比为 11.9%，说明 B 的氧化物也受到了阻力以及重力的影响，随着飞行距离增大，收集器中的 B 氧化物含量逐渐减少。

图 5-45 为室外产物收集器中 P7 处的产物能谱图，P7 距尾喷管 7 m。产物中仍主要含有 C、O、B、Mg 四种元素。Mg 的原子占比为 3.4%，B 的原子占比为 14.7%，相比于 P5 处，含量增加。这是由于 P7 收集器距离墙壁较近，燃烧后的产物随气流飞出，气流遇到墙壁后在拐角侧产生了回流区，回流区的部

分产物落到收集器中，导致 P7 处的产物中 B、Mg 的原子占比提高。

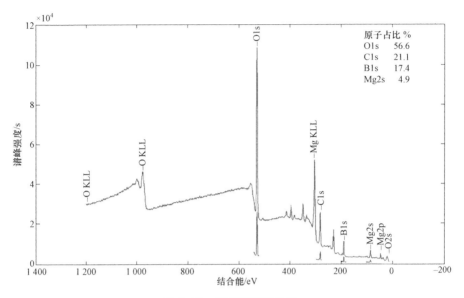

图 5-43 P3 处产物能谱图

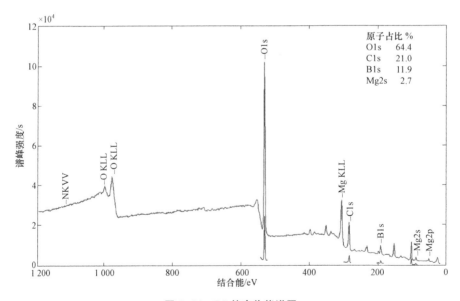

图 5-44 P5 处产物能谱图

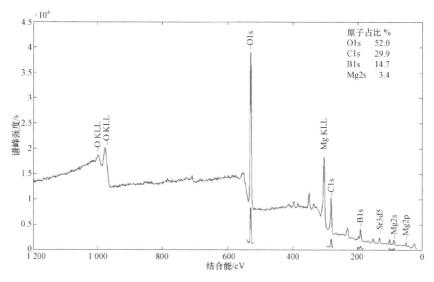

图 5-45　P7 处产物能谱图

4. XPS 高分辨谱分峰拟合

XPS 的高分辨谱图具有很强针对性，对其进行分峰拟合，可以从中判断所含元素的化学态以及所处的化学环境，进而对样品的表面结构进行说明。本节从上节所述的燃烧产物能谱图分离出 B 元素的高分辨谱图，结合 XPSPEAK 软件对其进行分峰拟合，对不同位置处包含 B 元素的化合物进行定性以及半定量分析。

图 5-46 为燃气发生器药包处燃烧产物的 B 元素高分辨谱图，其中纵坐

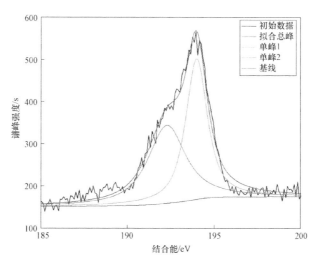

图 5-46　燃气发生器药包处 B 元素高分辨谱图

标为谱峰强度，横坐标为结合能，经过分峰拟合处理之后得到两个单峰，查阅 B 元素化合物的结合能对照表，得知单峰 1 对应的化合物为 BN，单峰 2 对应的化合物为 B_2O_3。单峰面积比为 1:1，说明 BN 和 B_2O_3 化合物的相对含量为 1:1。

图 5-47 为尾喷管处燃烧产物的 B 元素高分辨谱图，经过分峰拟合处理之后得到三个单峰，查阅 B 元素化合物的结合能对照表，得知单峰 1 对应的化合物为 H_3BO_3，单峰 2 对应的化合物为 B_2O_3，单峰 3 对应的化合物为 $NaBF_4$。与燃气发生器药包处的结果对比，该拟合结果检测出 H_3BO_3（硼酸），这是 B_2O_3 与进气道空气来流中的水蒸气反应的产物。根据单峰面积比计算，得出 H_3BO_3 的相对含量为 0.28。

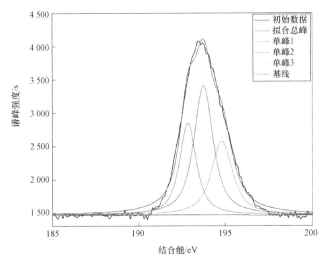

图 5-47 尾喷管处 B 元素高分辨谱图

图 5-48 为室外收集器中产物 B 元素高分辨谱图。P3 处燃烧产物 B 元素高分辨谱图经过分峰拟合处理之后得到两个单峰，查阅 B 元素化合物的结合能对照表，得知单峰 1 对应的化合物为 H_3BO_3，单峰 2 对应的化合物为 B_2O_3。拟合结果检测出 H_3BO_3 的相对含量为 0.84，相对含量大于 B_2O_3。这是由于 B_2O_3 喷出发动机后与空气中的水蒸气进一步反应形成的，空气中的水蒸气占比多于进气道空气来流。

P5 处燃烧产物 B 元素高分辨谱图经过分峰拟合处理之后得到三个单峰，查阅 B 元素化合物的结合能对照表，得知单峰 1 对应的化合物为 BN，单峰 2 对应的化合物为 B_2O_3，单峰 3 对应的化合物为 H_3BO_3。拟合结果检测出 H_3BO_3 的相对含量为 0.71。结果显示 H_3BO_3 的相对含量较 P3 处降低，原因在于燃烧产物喷出发动机后，受到空气阻力以及自身重力的影响，逐渐降落到地面上；其中晶体状的 H_3BO_3 体积较大，所受阻力较大，更容易降落到地面上，因此采集到的燃烧产物中 P5 位置处的 H_3BO_3 相对含量较低。

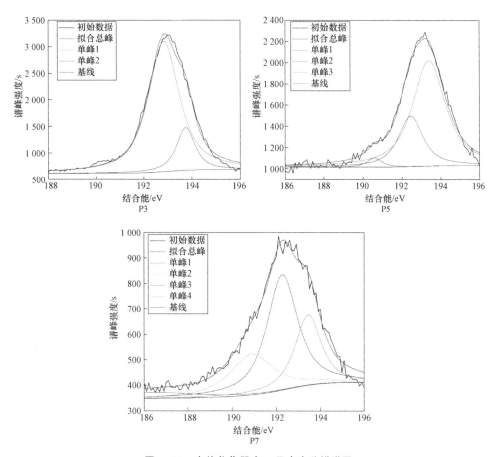

图 5-48　室外收集器中 B 元素高分辨谱图

P7 处燃烧产物 B 元素高分辨谱图经过分峰拟合处理之后得到四个单峰，查阅 B 元素化合物的结合能对照表，得知单峰 1 对应的化合物为硼单质，单峰 2 对应的化合物为 BN，单峰 3 对应的化合物为 B_2O_3，单峰 4 对应的化合物为 H_3BO_3。拟合结果检测出 H_3BO_3 的相对含量为 0.24，硼单质的相对含量为 0.07。结果显示 P7 处采集的燃烧产物中含有硼单质，原因在于硼粒子的燃烧效率低，未燃尽的硼颗粒会被高温燃气裹挟喷出发动机补燃室。受空气阻力以及自身重力的影响，H_3BO_3 相对含量进一步降低。

参 考 文 献

[1] 夏智勋,胡建新,王志吉,等. 非壅塞固体火箭冲压发动机二次燃烧试验研究[J]. 航空动力学报,2004,19(5):713-717.

[2] 胡建新,夏智勋,丁方酉,等. 进气道位置对含硼推进剂固体火箭冲压发动机性能的影响[J]. 推进技术,2007,28(1):50-54.

[3] 黄利亚,夏智勋,陈斌斌. 固体火箭冲压发动机二次燃烧试验研究[J]. 固体火箭技术,2017,40(5):551-556.

[4] 吴秋,陈林泉,王云霞,等. 含硼固冲发动机补燃室内凝相产物燃烧效率测试方法[J]. 固体火箭技术,2014,37(1):134-138.

[5] 刘道平. 固体火箭冲压发动机条件下硼颗粒燃烧过程试验研究[D]. 国防科学技术大学,2015.

[6] 刘佩进,白俊华,杨向明,等. 固体火箭发动机加温器凝相粒子的收集与分析[J]. 固体火箭技术,2008,31(5):461-463,479.

[7] 张胜敏,胡春波,徐义华,等. 固体火箭发动机加温器凝相颗粒燃烧特性分析[J]. 固体火箭技术,2010,33(3):256-259.

[8] 李疏芬,金荣超. 含金属固体推进剂燃烧残渣的成分分析[J]. 推进技术,1996,17(1):83-88.

[9] 涂永珍,徐浩星,王朝珍,等. 不同黏合剂 RDX/AP 推进剂燃烧产物的分析研究[J]. 推进技术,1997,18(5):95-99.

[10] Mady C J, Hickey P J and Netzer D W. Combustion Behavior of Solid- Fuel Ramjets[J]. Journal of Spacecraft and Rockets,1978,3(15):131-132.

[11] Netzer A, Alon G. Burning and Flameholding Characteristics of a Miniature Solid Fuel Ramjet Combustor[C]. AIAA88-3044,1988.

[12] Roni Z, Alon G and Yeshavahou L. Geometric Effects on the Combustion Solid Fuel Ramjets[J]. Journal of Propulsion and Power,1989,1(5):32-37.

[13] Schulte G, Pein R and Högl A. Temperature and Concentration Measurements in a Solid Fuel Ramjet Combustion Chamber[J]. Journal of Propulsion and Power,1987,2(3):114-120.

[14] Pein R and Schulte G. Swirl and Fuel Composition Effects on Boron Combustion in Solid-Fuel Ramjets[J]. Journal of Propulsion and Power,1992,3(8):609-614.

[15] 杨炳尉. 标准大气参数的公式表示 [J]. 宇航学报, 1983, 1: 83-86.

[16] Chappell M S, Cockshutt E P. Gas Turbing Cycle Calculations Thermodynamic Data Tables for Air and Combustion Products [R]. AD690716, 1976.

[17] 闫熙. 液体冲压发动机直连试车台方案设计及参数分析 [D]. 国防科技大学, 2013.

[18] Lefebvre A H, Ballal D R. Gas Turbine Combustion [M]. CRC Press, 2010.

[19] Shakariyants S A, Buijtene J P V, Visser W P J. Generic Geometry Definition of the Aircraft Engine Combustion Chamber [C]. Proceedings of ASME Turbo Expo 2004: Power for Land, Sea, and Air, 2004.

[20] 航空发动机设计手册总编委会. 航空发动机设计手册——第九册主燃烧室 [M]. 北京: 航空工业出版社, 2000.

[21] Mellor M A. Design of Modern Turbine Combustors [M]. Academic Press, 1990.

[22] Sawyer J W. Sawyer's Gas Turbine Engineering Handbook: Theory and Design [M]. Business Journals, 1985: 35-39.

索 引

A～Z

B 151

B_2O_3 151、194、195

BPR-3 型水冷式压力传感器 59

    结构图 59

CCD 122

CCD 摄像机 126

CO 和 NO_x 随主燃区温度的变化曲线图 166

CS-DP-10 型动平衡试验机简图 40

Gany Alon 152

H_3BO_3 188、194、195

K 型热电偶 182

LDV 113～115

    测量系统 113、114（图）

    测速仪 115

Lefebvre 169

P3 处产物能谱图 192

P5 处产物能谱图 192

P7 处产物能谱图 193

PIV 测量仪 120

PIV 测速 123、127

    基本原理 123

    流程图 127

    原理示意图 123

PIV 技术 119

PIV 试验图像对（图） 124

PIV 系统组成 121、122（图）

PLC 控制系统 175

R. Pein 152

Sawyer 169

XPS 高分辨谱分峰拟合 193

X 射线能谱分析法 187

A～B

安全性评估试验 17

被动式旋转发动机试验装置（图） 83

被动式旋转试验装置 82

比冲 80

壁厚测量 21

标定装置 89

箔式组合应变片（图） 58

补偿导线法 98

与热电偶型号的对应关系（表） 98
补燃室 149、181～186
　　　内部结构（图） 186
　　　硼燃烧凝相产物取样装置示意（图） 149
　　　中段和尾喷管入口处静压、静温曲线（图） 184
补氧量计算 156
补氧子系统 160
不同吹风比下的曲面热侧壁面温度分布（图） 106
部分常用的热电偶丝材料（表） 97

C

参比端 96～98
　　　保持在 0 ℃ 97
　　　保持在非 0 ℃ 的恒定温度 98
　　　处理方法 97
参考文献 92、144、196
测定 $K/(4\pi^2)$ 及 I_t 的方法 33
测试采用的系统（图） 121
测试控制系统设计 174
　　　要求 174
掺混孔 171
　　　示意图 172
掺混试验段剖面视图 139
产生控制力和控制力矩的装置示意（图） 4
尺寸测量 20
　　　所需设备 20
冲压发动机 6
　　　比冲变化示意图 6
　　　优点 6
传感器 25、48～50、87、181

　　　安装位置示意图 25、181
　　　标定 50
　　　标定概念 50
　　　稳定性 49
　　　线性范围 48
垂链膜片形状（图） 60
垂链膜片—应变筒式压力传感器 59
磁感应式转速测量法 83
　　　示意图 83

D

单丝扭摆 27
　　　示意图 27
　　　特点 27
弹簧片式试验台 74、75（图）
德国 SFRJ 试验装置（图） 153
地面直连试验系统 146、154
　　　建设必要性 146
　　　总体设计 154
等效排气速度 80
邓远灏 120
电子秤称量法 21
电子衍射能量谱测试结果（表） 189
电阻应变式测力传感器 63
电阻应变式压力传感器 55
　　　组成 55
调节装置 89
调压系统设计 173
调整校正质量 37
定架 87
动架 87
动不平衡度测量 34
动平衡机工作原理图（图） 41
动平衡量测量 40
端值法 52

多次启动的膏体推进剂火箭发动机示意图（图） 12
多普勒测速原理（图） 111
多普勒效应 110
多斜孔曲面冷却的吹风比 105
多支撑点称重测量法 24

E～F

俄罗斯航天公司 Enics 10、129
二等标准测力计 70
发动机工作现场录像（图） 185
发动机内部凝聚相产物 SEM 照片（图） 188
发动机推力变化曲线（图） 185
发动机尾喷管出口 130～136
    瞬态流场的二维平面旋度等值线图（图） 133～136
    瞬态速度场（图） 130～133
发动机性能测量 182
发动机性能试验 16
发动机直连试验系统总体布局（图） 158
发动机综合性能试验 44
辐射误差 101
负荷垫圈安装方法（图） 69

G

感温元件 99
    动态误差 99
    热惯性 99
刚性回转体惯性力系简化示意图（图） 36
高精度轮辐式拉压力传感器 182
高空舱内推力测量系统简化结构（图） 45

膏体火箭发动机 10、11
    优势 10
膏体推进剂发动机 10
膏体推进剂火箭发动机 11
    俄罗斯（苏联）的方案 11
    示意图（图） 11
    特点 11
耿卫国 47
供气子系统 159
供油子系统 160
固体冲压发动机 6
    分类 6
固体和膏体混合推进剂火箭发动机示意图（图） 12
固体火箭冲压发动机 6、7、148
    工作原理（图） 7
    结构示意图（图） 148
固体火箭发动机 2～5、73
    常见装药药型（图） 3
    点火 5
    试验台的结构 73
    特点 5
    优点 5
    常用的固体推进剂 3
    主体 4
    组成 3
固体火箭推进剂 5
固体燃料冲压发动机示意图（图） 7
光电式转速测量法 84
光电式转速测量原理图（图） 84
光路系统 122
光束传播方向的偏移（图） 116
硅杯 62

H

航展中的 R90 无人机（图） 129

航展中的 R90 巡飞弹（图） 10

恒温式热线风速仪 109

红外热像仪 102、103

 测温原理（图） 103

后测量段（图） 161

后总压测量耙（图） 162

胡建新 148

环式弹性元件 66

黄利亚 148

活塞式压电压力传感器 60、61

 结构（图） 61

火箭弹安装方式（图） 32

火焰筒 104、105、168、170

 壁面温度测量系统（图） 104

 多斜孔曲面冷却特性试验工况（表） 105

 多斜孔曲面冷却效率 105

 长度 170

J～K

机匣 168

机械式单向阀的构造简图（图） 9

机械天平称量法 21

机械系统技术方案（图） 47

基准测力计 69

激波纹影测量 136

激光多普勒测速 110

激光多普勒测速仪 110

加温器 164、165

 设计 164

 主要工作状态参数 165

加温油气比计算 156

加温子系统 159、159（图）

加重 37

简易挠性试验台 71

降噪 124

角度测量 21

接触式测温方法 94

进气方案 139、140

 设计图（图） 140

精度 50

径向、轴向测量 20

空气流量初步分配 167

寇鑫 45

扩散硅式压力传感器 181

L

来流条件测量子系统 160～164

冷却孔 173

李疏芬 151

立式试验台 73、73（图）

粒子播撒器设计图（图） 130

粒子施放示意图（图） 115

粒子图像 119、123

 测速 119

 复原 123

 增强 123

梁式弹性元件 65、65（图）

灵敏度 49

刘佩进 150

流场图（图） 140～143

流量分配 167

流量系数 80

六分力测量模型图（图） 45

六分力试验台 85、86、89

典型结构（图） 86

台架的力学分析和计算 89

轮辐式弹性元件 67、68（图）

M～N

脉冲燃烧型火箭发动机 12

原理图（图） 12

脉动喷气发动机 8

工作过程 8

分类 8

美国 Hiller 公司 9

美国 SFRJ 试验装置（图） 152

膜片式压电压力传感器 60、61

结构图 61

膜片应变分布曲线（图） 58

挠性件 87

挠性件—传感器组合结构（图） 88

拟合直线法 51

凝聚相产物收集图（图） 186

凝聚相燃烧产物 185～189

X 射线光电子能谱分析 189

分析 185

扫描电镜分析 187

收集 186

凝相粒子收集试验装置（图） 150

扭摆 27

P

喷管扩张段补充燃烧掺混纹影测量 137

喷气式发动机 2、3

分类（图） 3

偏心距测量 24

频率响应特性 49

平衡精度 36

平均法 52

平均冷却效率 105

平膜片式压力传感器 57、57（图）

普通线膛弹丸 22

Q

其他参数测量 17

气体流动管路阀门特性参数计算公式 173

千斤顶加力装置（图） 71

前总压测量耙（图） 162

去重 37

确定调节阀通径步骤 174

R

燃气发生器 183、190、193

产物能谱图（图） 190

内压力变化曲线（图） 183

药包处 B 元素高分辨谱图(图) 193

燃烧室 115～118

流场的测量截面示意图（图） 115

气流速度分量 u 的激光测试结果与计算结果的比较 117、118（图）

燃油控制系统 176、177

结构（图） 177

热电偶 95～102

安装工艺 100

安装工艺对比表 102

参比端处理方法 97

测温 95

分度 95

检定（图） 100

检定温度点（表） 100

选择 96

热电势修正法 98
热线风速仪 107～109
 测速系统（图） 107
 电路原理图（图） 109
 工作模式 108

S

三等标准测力计 70、71（图）
三线扭摆 28
 示意图（图） 28
 运动方程与测量公式 28
三线扭摆法 27、31
 测量原理 27
 适用范围 31
上位机软件 177
射流喷管设计 138
 参数（表） 138
 型面（图） 138
沈飞 101
矢量场修止 126
示踪粒子 128
 跟随性 128
试车台结构图（图） 45
试验工况分布（表） 140
试验腔示意图（图） 104
试验曲线 78
 定点与处理 78
试验设备示意图（图） 113
试验台架 72～75
 力学分析 75
 结构形式 73
试验台力学模型（图） 75
试验系统实物图（图） 105
室外收集器 188、195

凝聚相产物 SEM 照片（图） 188
 B 元素高分辨谱图（图） 195
数据采集卡 182
双光束散射光路图（图） 112
双环旋流器测量流程（图） 120
双级旋流器的几何特性（图） 119
水冷探针取样装置（图） 149
瞬态速度场 PIV 测量 129
速度场测量 107
速度场测试系统组成（图） 121
酸碱滴定法 151
 测定 B、B_2O_3 及总硼含量（图） 151

T

台架测力布局方案和偏心距（图） 90
台式扭摆法 31～34
 测量公式 32
 测量原理 31
 适用范围 34
 优点 31
台式扭摆结构示意图（图） 32
台式扭摆零件（图） 32
特征速度 80
同步控制器 122
图像采集系统 122
图像处理系统 122
涂永珍 151
推力、压力曲线的定点（图） 78
推力测量和标定原理（图） 44
推力传感器 63、69
 标定 69
推力架示意图（图） 47
推力偏心测量 84

概述 84
推力偏心试验台 85
推力矢量控制试验 85
  主要目的 85
推力系数 80
推力压力测量系统 72
  对试验台架的要求 72
推压力卧式高精度测量子系统 164
  试验台架（图） 164

W

王志凯 120
微型涡轮喷气发动机 7
尾喷管处 B 元素高分辨谱图（图） 194
尾喷管处产物能谱图（图） 191
尾翼弹静力稳定示意图（图） 22
温度测量 94、95
  方法 94
  方式分类（图） 95
温度传感器标定 99
纹影法 136
  基本原理 136
纹影仪简易光路图（图） 137
稳态推力测量校准一体化装置结构示意图（图） 46
卧式试验台 74
  分类 74
钨铼热电偶 182
吴秋 148

X

系统总线布置（图） 177
现场总线 177
线膛弹静不稳定示意图（图） 23

线性矩形模型(图) 119
校正方法 37
性能参数测量设备选用 48
徐正红 44
旋转发动机试验 80
旋转试验装置 81

Y

压电式测力传感器 68
  结构（图） 68
压电式单向测力传感器（图） 69
压电式压力传感器 60
压力标定装置（图） 72
压力测量方案 139
压力传感器 55～63
  标定 63
压力损失 165
压阻式压力传感器 62
  结构（图） 62
氩离子激光测速仪光路图（图） 113
氩离子激光器发出光径分光镜示意图（图） 114
氧气控制系统 176
  结构（图） 176
液体冲压发动机 6
一等标准测力计 69
以色列 SFRJ 试验装置（图） 153
应变管的结构参数 55
应变管式压力传感器 55
有补偿的膜片式压电压力传感器（图） 61
有阀式脉动喷气发动机 9
  结构（图） 9
有阻尼振荡曲线（图） 77

原位标定装置（图） 71
圆管形压力传感器（图） 55
圆环式和八角环式弹性元件与组桥（图） 66

Z

张胜敏 150
赵涌 44
直连式试验台后侧总压及总温曲线（图） 183
质量测量 21
  方式 21
质心—托架装置（图） 23
智能弹药的动不平衡 34
  测量 34
智能弹药动力装置试验 13～18
  参照标准 18
  发动机安全性措施 18
  分类 16
  内容 13
  试验设计原则 15
  试验室组成 14
  试验台设计一般标准 17
  特点 13
  系统安全性要求 18
智能弹药质心测量台结构示意图（图） 24
智能弹药质心位置 22、23
  测量 23

  方法和设备 23
中心架式试验台（图） 74
朱舒扬 46
主动式旋转发动机试验装置（图） 82
主动式旋转试验装置 81
主流喷管设计参数（表） 138
主流喷管设计型面（图） 138
主气控制系统 175
  结构（图） 175
主燃孔 171
主燃区绝热火焰温度 166
柱式弹性元件 63、64（图）
转动惯量 26、27
  测量 26
  测量方法 27
转动喷管的几种结构方案（图） 4
转速测量方法 82
转子的动平衡计算 38
转子支撑简化图（图） 38
自模状态 166
总冲 79
总温测量耙（图） 163
总温测量耙设计 163
总压测量耙设计 160
总压损失系数、流阻系数取值（表） 166
阻尼器 88
最小二乘法 53
左右两侧进气道总压、总温曲线（图） 184

（王彦祥、张若舒　编制）